理工数学シリーズ

量子力学 I

行列力学入門

村上雅人
飯田和昌
小林忍

飛翔舎

はじめに

20 世紀初頭、ラザフォードらの功績により原子の構造が明らかとなった。中心に正に帯電した原子核が存在し、その周りを負に帯電した電子が、電子軌道を回っているという構造である。しかし、電磁気学によれば、円運動している電子（正式には加速度運動している電荷）は、電磁波を発生して次第にエネルギーを失い、原子核に沈むはずである。ミクロの世界である原子内の電子の運動では、この法則が破綻しているようなのだ。かくして、人類は新しい電子の動力学を構築する必要に迫られたのである。

その過程で、多くの奇妙なことが明らかとなっていった。ひとつは、粒子と考えられている電子に波の性質があることである。そして、安定な電子軌道は、電子波の波長の整数倍の長さを持つことなども明らかとなった。これらは大きな成果であったが、電子の運動の本質は謎のままである。

そして、多くの研究者が、電子の正体も含め、原子内の電子の運動の解明に挑戦するのである。それは、まさにゼロからのスタートであり、苦難の道であったが、それが 21 世紀最大の成果と呼ばれる量子力学の建設につながったのである。

ハイゼンベルクとボルンらは、原子から発生する光のスペクトルをヒントに、その運動を記述する方程式を提案する。しかし、それは、物理量が行列になるという奇妙なものであった。それでも、解析力学の形式を基礎としながら、物理量が行列からなる行列力学を構築していくのである。その過程は、未踏分野に挑戦する研究者たちの記録としても興味深い。

そして、ハイゼンベルクらが構築した行列力学は、単振動の解析において大きな成功を収める。これに自信を深めた彼らは、水素原子の電子軌道の解明にとりかかるのである。しかし、それは困難を極めた。

そこへ、シュレーディンガーによる波動力学が登場する。そして、電子の運動を記述するシュレーディンガー方程式によって、水素原子内の電子軌道が、いとも簡単に解明されてしまったのである。やがて、行列に基礎を置いた量子の行列力学は、すべて波動力学に書き換えられていったのである。

いまでは、行列力学を扱う教科書は見かけなくなったが、ハイゼンベルクやボルンたちの挑戦は、量子力学の夜明けを飾る金字塔である。本書では、その歴史を振り返る。いまや、量子力学の主流はシュレーディンガー方程式であるが、行列力学で培われた量子の世界の描像は、示唆に富んだものであり、波動力学にも大きな影響を与えており、行列力学の理解なくして量子力学の理解はないということを付記しておきたい。

2023 年　冬

著者　村上雅人、飯田和昌、小林忍

もくじ

第 1 章　量子の波動性
神の方程式

本書の目的は、**量子力学** (quantum mechanics) 建設の礎となった**行列力学** (matrix mechanics) を理解することである。量子力学のひとつの革新性は、それまで**粒子** (particle) と考えられていた**電子** (electron) が**波** (wave) としても振る舞うという 2 **面性** (wave-particle duality) にある。

1. 1.　量子の世界の式

しかし、どうやったら電子が有する 2 面性を表現できるのだろうか。それが、本章で紹介する**虚数** (imaginary number) i $(=\sqrt{-1})$ を**べき** (power) とする**指数関数** (exponential function) なのである。

量子力学では、電子が有する波の性質を表現するとき、時間的な振動に対しては

$$e^{i\omega t}=\exp(i\omega t)$$

という表現を使う。

e は**自然対数** (natural logarithm) の**底** (base) であり、**ネイピア数** (Napier's constant) とも呼ばれる。i は虚数であり、ω は**角振動数** (angular frequency)、t は時間である。ω は**角速度** (angular velocity) や角周波数とも呼ばれ、単位は [rad/s] である。本書でも、この式が大活躍する。

実は、**光** (light) のエネルギーや、**調和振動子** (harmonic oscillator) のエネルギーは、角振動数を ω とすると

$$E=\hbar\omega$$

と与えられる。ここで、h を**プランク定数** (Planck constant) とすると $\hbar$ は

$$\hbar = \frac{h}{2\pi}$$

の関係にあり、**ディラック定数** (Dirac's constant) や**換算プランク定数** (reduced Planck constant) と呼ばれる。$\hbar$ はエイチバー (h-bar) とも読む。したがって、エネルギーE を有する光や、調和振動子は

$$\exp(i\omega t) = \exp\left(i\frac{E}{\hbar}t\right)$$

という式で与えられることになる。

一方、波には時間的な振動とともに、空間的な振動もあるが、その場合には

$$e^{ikx} = \exp(ikx)$$

という表現を使う。

このとき、k は**波数** (wave number) であり、x は**位置座標** (position coordinate) に対応する。ここで、ωt も kx も、ともに**無次元** (dimensionless) となる。物理においては、指数 e のべきの単位は無次元量でなければならない。

また、時間的かつ空間的に振動している場合には

$$e^{i(kx-\omega t)} = \exp\{i(kx - \omega t)\}$$

という表現を使う。ωt の前の符号は＋でも構わないが、x 軸の正の方向に進む波の場合は、符号は－となる[1]。

量子力学では、何の断りもなく、これら数式が電子波の式として登場する。しかし、電子という物理的実態を扱うのに、実数ではなく、虚数 i の入った式を使用することに、初学者は戸惑いを覚えるようだ。なぜなら、同じ波は

$$\sin(kx - \omega t) \qquad \text{ならびに} \qquad \cos(kx - \omega t)$$

のように、三角関数を使って実数でも表現できるからである。しかし、後で紹介するように、sin 波や cos 波では、残念ながら電子の 2 面性がうまく表現できない。さらに、指数関数であれば

$$\exp\{i(kx - \omega t)\} = \exp(ikx)\exp(-i\omega t)$$

---

[1] 符号による波の進行方向の違いについては、補遺 1-1 で説明している。

のように、空間の振動項と時間の振動項を簡単に分離することも可能である。三角関数ではこれができない。

1. 2.　オイラーの公式

そこで、行列力学の話に入る前に、下準備として量子力学における波の表現について本章で説明をしておく。その基本は、つぎに示す**オイラーの公式** (Euler's formula)

$$e^{i\theta} = \exp(i\theta) = \cos\theta + i\sin\theta$$

である。

この公式が量子力学の根幹にあり、その理解なくして量子力学の理解はないと考えた方がよい。ちなみに、θ の単位は [rad] であるが、これも無次元である。rad は角度の大きさを **(円周の長さ)/(半径)** の比で示したもので、次元としては [m]/[m] となって無次元となるのである。

ところで、本書では e^x に対して exp (x) という表記を使用している。これは、指数 e のべきが式となる場合、小さいと見にくいためである。exp は英語の "exponential" つまり「指数」の略である。

それでは、オイラーの公式の導出と、その意味について解説していこう。そのためには、**べき級数展開** (power series expansion) という手法を知っておく必要があるが、級数展開については、補遺 1-2 を参照いただきたい。

まず、オイラーの公式の θ に π を代入してみよう。すると

$$e^{i\pi} = \cos\pi + i\sin\pi = -1 + i \cdot 0 = -1$$

という値が得られる。

つまり、自然対数の底である e を $i\pi$ 乗したら -1 になるという摩訶不思議な関係である。e も π も無理数であるうえ、i は想像の産物である。にもかかわらず、その組み合わせから -1 という有理数が得られるというのだから神秘的である。さらに、この式を変形すると

$$e^{i\pi} + 1 = 0$$

と書くことができる。

この式を、**オイラーの等式** (Euler's identity) と呼び、数学で最も美しい式あるいは奇跡の式とも呼んでいる。なぜなら、たったひとつの式に、数学において重要となる5個の数学定数であるネイピア数 e、虚数 i、円周率 π、1と0がすべて含まれているからである。

演習 1-1 オイラーの公式 $\exp(i\theta)=\cos\theta+i\sin\theta$ を使って $\exp\left(i\dfrac{\pi}{2}\right)$ ならびに $\exp\left(i\dfrac{3\pi}{2}\right)$ を計算せよ。

解）

$$\exp\left(i\frac{\pi}{2}\right)=\cos\frac{\pi}{2}+i\sin\frac{\pi}{2}=0+i\cdot 1=i$$

$$\exp\left(i\frac{3\pi}{2}\right)=\cos\frac{3\pi}{2}+i\sin\frac{3\pi}{2}=0+i\cdot(-1)=-i$$

となる。

オイラーの公式の θ に0と 2π を代入すると

$$e^0=1 \qquad e^{i2\pi}=\cos 2\pi+i\sin 2\pi=1$$

となる。

このように $e^{i\theta}$ は 2π を周期とする周期関数となる。よって n を整数として

$$\exp(i\theta)=\exp\left(i(\theta+2n\pi)\right)$$

という関係にあることもわかる。

1.3. オイラーの公式の導出

ここで、オイラーの公式の導出方法を紹介しておこう。e^x と $\sin x, \cos x$ の級数展開式を並べて示すと

$$\exp x=1+x+\frac{1}{2!}x^2+\frac{1}{3!}x^3+\frac{1}{4!}x^4+\frac{1}{5!}x^5+...+\frac{1}{n!}x^n+...$$

$$\sin x = x - \frac{1}{3!}x^3 + \frac{1}{5!}x^5 - \frac{1}{7!}x^7 + \ldots + (-1)^n \frac{1}{(2n+1)!}x^{2n+1} + \ldots$$

$$\cos x = 1 - \frac{1}{2!}x^2 + \frac{1}{4!}x^4 - \frac{1}{6!}x^6 + \ldots + (-1)^n \frac{1}{(2n)!}x^{2n} + \ldots$$

となる[2]。

ここで、e^x の x が無次元数でなければならないということを説明したが、級数展開式を見ると、その理由がわかる。級数には、x と x^2 と x^3 と並んでいるが、たとえば、x の単位を長さ [m] とすると、展開式には面積に相当する x^2 [m^2] や体積に相当する x^3 [m^3] が含まれるので物理量としての単位が揃わない。これでは意味がない。

さて、本題に戻ろう。e^x、$\sin x$、$\cos x$ の展開式を見ると、共通項が多く、同じべき項の係数はすべて等しい。

惜しむらくは sin と cos では $(-1)^n$ の係数により符号が順次反転するので、単純に exp と対応させることができない。せっかく、うまい関係を築けそうなのに、いま一歩でそれができないのである。ところが、ここで虚数 i を使うと、この三者がみごとに関係づけられる。

演習 1-2　指数関数 $\exp(x)$ の級数展開式に $x = ix$ を代入せよ。

解）

$$\exp(ix) = 1 + ix + \frac{1}{2!}(ix)^2 + \frac{1}{3!}(ix)^3 + \frac{1}{4!}(ix)^4 + \frac{1}{5!}(ix)^5 + \ldots + \frac{1}{n!}(ix)^n + \ldots$$

$$= 1 + ix - \frac{1}{2!}x^2 - \frac{i}{3!}x^3 + \frac{1}{4!}x^4 + \frac{i}{5!}x^5 - \frac{1}{6!}x^6 - \frac{i}{7!}x^7 + \ldots$$

ここで、実数部と虚数部に整理すると

$$\exp(ix) = 1 - \frac{1}{2!}x^2 + \frac{1}{4!}x^4 - \frac{1}{6!}x^6 + \ldots + i\left(x - \frac{1}{3!}x^3 + \frac{1}{5!}x^5 - \frac{1}{7!}x^7 + \ldots\right)$$

となる。

---

[2] これらの級数展開に関しては、補遺 1-2 に導出過程を紹介している。

exp (ix) 実数部は

$$1-\frac{1}{2!}x^2+\frac{1}{4!}x^4-\frac{1}{6!}x^6+...+(-1)^n\frac{1}{(2n)!}x^{2n}+...$$

となり、まさに $\cos x$ の展開式となっている。一方、虚数部は

$$x-\frac{1}{3!}x^3+\frac{1}{5!}x^5-\frac{1}{7!}x^7+...+(-1)^n\frac{1}{(2n+1)!}x^{2n+1}+...$$

とり、まさに $\sin x$ の展開式である。

したがって

$$e^{ix}=\exp(ix)=\cos x+i\sin x$$

という関係が成立することがわかる。

これがオイラーの公式である。実数では、関係づけることが難しかった指数関数と三角関数が、虚数を介することで見事に結びつけることが可能となったのである。

この公式の x に $-x$ を代入すると

$$e^{-ix}=\exp(-ix)=\cos x-i\sin x$$

という関係も得られる。

演習 1-3 オイラーの公式を利用して、つぎの関係式が成立することを確かめよ。

$$\cos x=\frac{e^{ix}+e^{-ix}}{2} \qquad \sin x=\frac{e^{ix}-e^{-ix}}{2i}$$

解） オイラーの公式から

$$e^{ix}=\cos x+i\sin x \qquad e^{-ix}=\cos x-i\sin x$$

となる。

両辺の和と差をとると

$$e^{ix}+e^{-ix}=2\cos x \qquad e^{ix}-e^{-ix}=2i\sin x$$

となって

$$\cos x=\frac{e^{ix}+e^{-ix}}{2} \qquad \sin x=\frac{e^{ix}-e^{-ix}}{2i}$$

という関係が得られる。

これら関係式は、複素数である $\exp(\pm ix)$ と実数の $\sin x$ ならびに $\cos x$ との関係を示す重要な式となっている。

1.4. 複素平面と極形式

オイラーの公式は**複素平面** (complex plane) で図示してみると、その幾何学的意味がよくわかる。そこで、その下準備として複素平面と**極形式** (polar form) について復習してみる。

複素平面は、x 軸を**実数軸** (real axis)、y 軸を**虚数軸** (imaginary axis) とする平面である[3]。すべての実数は、**数直線** (real number line) と呼ばれる 1 本の線で網羅できるのに対し、複素数を表示するためには、平面が必要となる。

このとき、複素数を表現する方法として極形式と呼ばれる方式がある。これは、すべての複素数は

$$z = a + bi = r(\cos\theta + i\sin\theta)$$

という式で与えられるというものである（図 1-1 参照）。

ここで、θ は実数軸の正の部分となす**角度** (argument)、r は原点からの**距離** (modulus) であり

$$r = |z| = \sqrt{a^2 + b^2}$$

という関係にある。

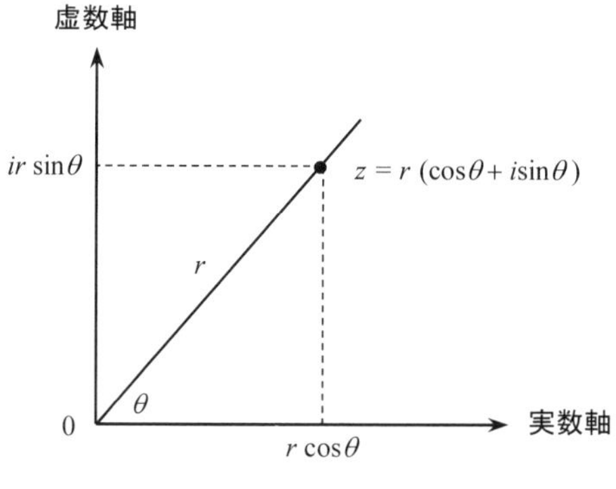

図 1-1　複素平面における極形式

[3] 実数軸と虚数軸は、実軸ならびに虚軸とも呼ばれる。

ここで、複素数の**絶対値** (absolute value) を求める場合、実数の場合と異なり単純に 2 乗したのでは求められない。$a^2 + b^2$ を得るためには、$z = a + bi$ に虚数部の符号が反転した $z^* = a - bi$ をかける必要がある。

$$|z|^2 = a^2 + b^2 = (a + bi)(a - bi) = zz^*$$

z と z^* を**共役複素数** (complex conjugate) と呼んでいる。$\exp(i\theta)$ と $\exp(-i\theta)$ は、互いに共役な複素数となる。

ここで、極形式のかっこ内を見ると、オイラーの公式であることがわかる。つまり

$$z = r(\cos\theta + i\sin\theta) = re^{i\theta} = r\exp(i\theta)$$

と書くこともできる。

すべての複素数は、この形式で書き表わすことができる。オイラーの公式は極形式に $r = 1$ を代入したものであるので、複素平面に図示すると、図 1-2 に示したように、半径 1 の円つまり**単位円** (unit circle) となる。

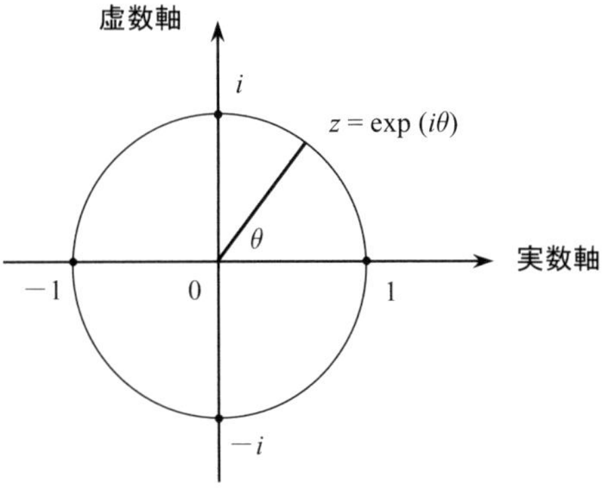

図 1-2 $z = \exp(i\theta)$ を複素平面に図示すると半径 1 の円、つまり単位円となる。このとき θ を増加させる操作は、単位円に沿って反時計まわりに回転する操作となる。

このとき、θ を増やすという操作は、単位円に沿って反時計まわりに回転する操作に対応している。たとえば、$\theta = 0$ から $\theta = \pi/2$ への変化は、ちょうど 1 に

i をかけたものに相当する。これは

$$\exp\left(i\frac{\pi}{2}\right)=\exp\left(0+i\frac{\pi}{2}\right)=\exp(0)\exp\left(i\frac{\pi}{2}\right)$$

と変形すれば

$$e^0=\exp(0)=1 \qquad e^{i\frac{\pi}{2}}=\exp\left(i\frac{\pi}{2}\right)=i$$

ということから、$1\times i$ であることは明らかである。さらに $\pi/2$ だけ増やすと、$i^2 = -1$ となる。つまり、$\pi/2$ だけ増やす、あるいは回転するという作業は、i の掛け算になる。よって、i は回転演算子の働きをするのである。このように、単位円においては角度の足し算が指数関数の掛け算と等価であるという事実が重要である。

1. 5.　回転運動と波動性

オイラーの公式を利用すると回転運動を表現することが可能となる。いま

$$\theta=\omega t$$

としてみよう。冒頭で紹介したように、t は時間、ω は角振動数（角速度）である。ω が一定の場合、これは等速円運動に相当する。つまり

$$\exp(i\omega t)$$

は、一定の角速度 ω で回転する運動を、ある方向から眺めたときの式であり、単振動に対応する。振動数 (ν) を使うと $\exp(i2\pi\nu t)$ と表記することもできる。

$\exp(i\omega t)$ は、オイラーの公式を使うと

$$\exp(i\omega t)=\cos\omega t+i\sin\omega t$$

と書き換えられ、実数部は $\cos\omega t$ の波に対応している。また、虚数部は $\sin\omega t$ の波に対応しており、波の性質を表現するのに非常に便利な数学的表現である。

この様子を複素平面で描くと、図 1-3 のようになる。つまり、単位円の $\exp(i\theta)$ に沿った反時計まわりの回転運動は、実数軸あるいは虚数軸に沿ってみると単振動となるのである。

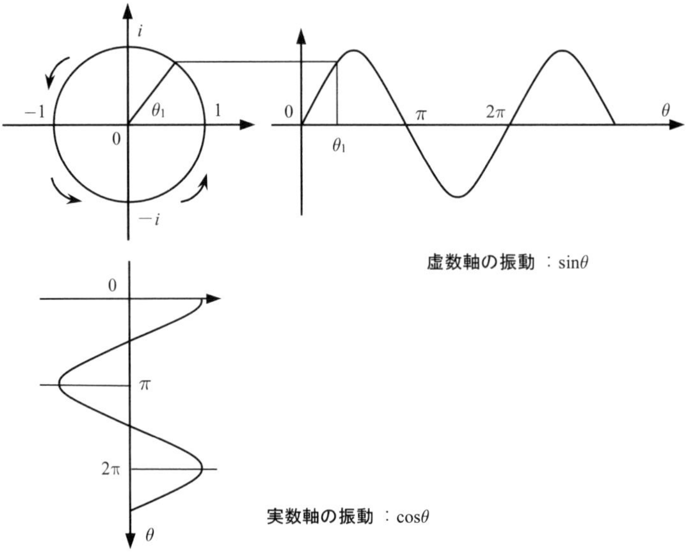

図 1-3　$\exp(i\theta)$ において、θ の増加 は実数軸から見ると $\cos\theta$ の振動を、虚数軸から見ると $\sin\theta$ の振動を与える。

このとき、実数軸に沿った振動は、$\theta = 0$ を始点とすれば、図に示すように cos 波となる。一方、虚数軸に沿った振動は sin 波となる。よって、$t = 0$ を始点として、$\exp(i\omega t)$ を描けば、実数軸においては、角周波数 ω で振動する cos 波となるのである。

さらに $\exp(i\theta)$ には重要な性質がある。それは

$$|\exp(i\theta)| = 1$$

というように、その大きさが 1 という事実である。

演習 1-4　$|\exp(i\theta)| = 1$ となることを確かめよ。

解）　$\exp(i\theta) = \cos\theta + i\sin\theta$ であるから

$$|\exp(i\theta)|^2 = (\cos\theta + i\sin\theta)(\cos\theta - i\sin\theta) = \cos^2\theta + \sin^2\theta = 1$$

より

$$|\exp(i\theta)| = 1$$

となる。

あるいは

$$|\exp(i\theta)|^2 = \exp(i\theta)\exp(-i\theta) = \exp(0) = 1$$

としてもよい。

量子力学では、電子の状態は**波動関数** (wave function) $\psi(x, t)$ で表現する。このとき

$$\psi(x,t) = A\exp\{i(kx - \omega t)\}$$

が一般式となる。ただし、A は定数である。よって、波動関数は複素数となるが、量子力学の基本的な考えによれば、この関数そのものに物理的意味があるのではない。このとき、波動関数の絶対値の 2 乗である

$$|\psi(x,t)|^2 = \psi^*(x,t)\,\psi(x,t) = A^2$$

が、時間 t において、位置 x に電子を見出す確率に比例すると解釈しているのである[4]。

ここで

$$\Phi(x,t) = \psi(x,t)\exp(i\phi) = A\exp\{i(kx - \omega t)\}\exp(i\phi)$$

$$= A\exp\{i(kx - \omega t + \phi)\}$$

という波動関数を考えてみよう。

[4] この確率解釈は、ボルンによって提案されたもので、現在では、この解釈に基づいて量子力学の理論が構築されている。

$$kx - \omega t + \phi = \theta$$

とまとめると

$$\Phi(x,t) = A\exp(i\theta)$$

となる。

この関数の絶対値の2乗は

$$\left|\Phi(x,t)\right|^2 = \left|\psi(x,t)\right|^2 = A^2$$

となり、波動関数に $\exp(i\phi)$ を乗じても、電子の物理的状態に影響を与えないことになる。

ここで、ある物理量 ψ があったとしよう。すると

$$\psi\exp(i\theta)$$

も、絶対値の大きさは変わらない。

一方で、この項によって波動性を付与することができるのである。ただし

$$\psi\sin\theta \qquad \text{あるいは} \qquad \psi\cos\theta$$

のように、三角関数を使っても波動性を付与することができる。しかし、この場合、その絶対値の2乗は

$$\left|\psi\sin\theta\right|^2 = \left|\psi\right|^2\left|\sin\theta\right|^2$$

となり、$\left|\sin\theta\right|^2$ の項によって、物理量の大きさが振動してしまい、物質波の表現には使えないのである。

これが量子力学では、$\exp(i\theta)$という波の表現が重用される理由である。また θ のことを**位相** (phase) と呼んでいるが、それは波の位相に相当するからである。

ところで、実質的な問題として、物理量の ψ に $\exp(i\theta)$をかけても変化がないのであれば、あまり意味がないのではなかろうか。実際、古典論では、この θ が表に顔を出すことはない。ところが、ミクロな量子の世界を取り扱う量子力学では位相は重要な役割を果たす。ただし、はじめから位相の重要性が認められていたわけではない。

その存在が大きくクローズアップされたのは、**超伝導** (superconductivity) の発見によってである。常伝導では、電子が有する電子波の位相 θ がばらばらであるため、その存在があまり意味をなさなかった。これに対し、超伝導は、電子波の

位相 θ が完全にそろった状態である。この結果、電気抵抗のない状態が実現される。位相がそろっているので、超伝導を電子波が**コヒーレント** (coherent) な状態と呼ぶこともある。

電磁波の一種である光においても位相は重要となる。通常の光は、位相がそろっていないのですぐに散乱してしまう。一方、レーザー光では波の位相がそろっており、これもコヒーレントな状態と呼ばれている。レーザー光が遠くまで進んでいくのは、位相がそろった電子波の超伝導とよく似ているのである。

1. 6.　周回積分

オイラーの公式を物理現象に適用するにあたって重要な性質のひとつに

$$\oint \exp(i\theta)d\theta = 0$$

というものがある。これは、複素平面において、半径 1 の円に沿って一周した積分が 0 になるという意味であるが、この周回積分は、θ に関しては 0 から 2π までの積分となるから

$$\int_0^{2\pi} \exp(i\theta)d\theta = 0$$

と書くこともできる。

演習 1-5　上記の積分が成立することを確かめよ。

解）　オイラーの公式を使うと、左辺は

$$\int_0^{2\pi} \exp(i\theta)d\theta = \int_0^{2\pi} (\cos\theta + i\sin\theta)d\theta = \int_0^{2\pi} \cos\theta d\theta + i\int_0^{2\pi} \sin\theta d\theta$$

と変形できる。ここで

$$\int_0^{2\pi} \cos\theta d\theta = [\sin\theta]_0^{2\pi} = \sin 2\pi - \sin 0 = 0$$

であり、同様にして

$$\int_0^{2\pi} \sin\theta d\theta = [-\cos\theta]_0^{2\pi} = 0$$

となるから

$$\int_0^{2\pi} \exp(i\theta) d\theta = \int_0^{2\pi} \cos\theta d\theta + i\int_0^{2\pi} \sin\theta d\theta = 0$$

となる。

同様にして、n を 0 以外の整数とすると

$$\int_0^{2\pi} \exp(in\theta) d\theta = 0$$

となることもわかる。そして $n = 0$ のときだけ

$$\int_0^{2\pi} \exp(in\theta) d\theta = \int_0^{2\pi} \exp 0 \, d\theta = \int_0^{2\pi} 1 d\theta = [\theta]_0^{2\pi} = 2\pi$$

となってゼロとはならないのである。複素指数関数が持っているこの性質は、量子力学において重要な役割を演ずる。

また、つぎに示すフーリエ級数展開の基礎ともなっている。量子力学において電子波を示す表式として

$$\exp(i\omega t) \quad や \quad \exp(ikx)$$

という表記を使うことはすでに紹介した。

このとき、複数の電子がある場合には

$$A_1 \exp(i\omega_1 t) + A_2 \exp(i\omega_2 t) + A_3 \exp(i\omega_3 t)$$

のような電子波の和として表現できる。これを波の重ね合せと呼ぶ。

このとき、$\omega_1, \omega_2, ..., \omega_n$ に相関がない場合には、単なる和のままであるが、たとえば、定常的に存在する電子波の場合には

$$\omega_1 = \omega, \quad \omega_2 = 2\omega, \quad \omega_3 = 3\omega, ...$$

のように、ある基準振動数 ω の整数倍となることが知られている。

よって

$$A_1 \exp(i\omega t) + A_2 \exp(i2\omega t) + A_3 \exp(i3\omega t)$$

という和となる。これは、まさにフーリエ級数の基本式である。

そして、多数の電子がある場合には

$$\sum_{n=1}^{\infty} A_n \exp(in\omega t)$$

のような和となる。

和の上限を∞としているのは、いくらでも周波数の高い波を考えることができるからである。ただし、物理的実態としては、周波数が高いとエネルギーが高くなるため、その存在確率は低下するので頭打ちになる。

実は、後ほど紹介するように、ハイゼンベルクやボルンらが、原子内の電子軌道を占有する電子波を表現する際に、フーリエ級数展開の様式を使っているのである。

そこで、$\exp(inx)$ を使った**フーリエ級数** (Fourier series) についても紹介しておきたい。

1.7.　複素フーリエ級数展開

もともと、通常の波は三角関数である sin 波や cos 波を使って表現できることが知られている。そして、様相が複雑な波であっても、sin 波と cos 波の要素の和に分解できるのである。これを数学的に取り扱うのがフーリエ級数展開である。

ここで、周期関数においては、つぎのような三角関数による**フーリエ級数展開** (Fourier series expansion) が可能である。一般式は

$$F(x) = \frac{a_0}{2} + \sum_{n=1}^{\infty}(a_n \cos nx + b_n \sin nx)$$

となる[5]。$n=0$ のとき、$\sin 0 = 0$ から、b_0の係数は存在しないので、a_0のみが登場する。また、a_0ではなく、$a_0/2$ となっている理由は補遺 1-3 を参照いただきたい。

さらに、この式は、関数 $F(x)$ の周期が 2π の場合に対応している。もちろん、周期は 2π だけでなく任意の長さ L の周期にも対応できる。

その場合は

$$F(x) = \frac{a_0}{2} + \sum_{n=1}^{\infty} \left\{ a_n \cos\left(n\frac{2\pi}{L}x\right) + b_n \left(n\frac{2\pi}{L}x\right) \right\}$$

と修正すればよい。

実は、フーリエ級数展開は、$\sin nx$ や $\cos nx$ のかわりに、$\exp(inx)$ を使っても可能となる。量子力学では、電子波がこの表式で表現できるので、広範に利用さ

---

[5] 三角関数によるフーリエ級数展開に関しては、補遺 1-3 を参照されたい。

れることになる。

演習 1-6　オイラーの公式から得られる

$$\cos nx = \frac{e^{inx} + e^{-inx}}{2} \qquad \sin nx = \frac{e^{inx} - e^{-inx}}{2i}$$

という関係式を表記のフーリエ級数展開式に代入せよ。

解）

$$F(x) = \frac{a_0}{2} + \sum_{n=1}^{\infty}(a_n \cos nx + b_n \sin nx)$$

$$= \frac{a_0}{2} + \sum_{n=1}^{\infty}\left(a_n \frac{\exp(inx) + \exp(-inx)}{2} + b_n \frac{\exp(inx) - \exp(-inx)}{2i}\right)$$

となる。

これを整理しなおすと

$$F(x) = \frac{a_0}{2} + \frac{1}{2}\sum_{n=1}^{\infty}\left\{\left(a_n + \frac{b_n}{i}\right)\exp(inx) + \left(a_n - \frac{b_n}{i}\right)\exp(-inx)\right\}$$

よって

$$F(x) = \frac{a_0}{2} + \frac{1}{2}\sum_{n=1}^{\infty}\{(a_n - b_n i)\exp(inx) + (a_n + b_n i)\exp(-inx)\}$$

となる。

ここで、フーリエ係数を

$$c_0 = \frac{a_0}{2} \qquad c_n = \frac{1}{2}(a_n - b_n i) \qquad c_{-n} = \frac{1}{2}(a_n + b_n i)$$

と置き換える。すると

$$F(x) = c_0 + \sum_{n=1}^{\infty}\{c_n \exp(inx) + c_{-n}\exp(-inx)\}$$

となるが、これはさらに

$$F(x) = \sum_{n=-\infty}^{\infty} c_n \exp(inx)$$

と c_0 も含めてまとめることができる。

ただし、これら複素フーリエ係数には

$$c_{-n} = c_n^*$$

という**複素共役** (complex conjugate) の関係が成立する。これが、周期 2π の関数に対応した**複素フーリエ級数展開** (complex Fourier series expansion) である。

それでは、フーリエ係数の導出方法を示す。複素フーリエ級数展開の成分を具体的に示すと

$$F(x) = ... + c_{-n}e^{-inx} + ... + c_{-2}e^{-i2x} + c_{-1}e^{-ix} + c_0 + c_1e^{ix} + c_2e^{i2x} + ... + c_ne^{inx} + ...$$

となる。ここで、$F(x)$ に $\exp(-inx)$ をかけたのち 0 から 2π の範囲で積分してみよう。すると

$$\int_0^{2\pi} F(x)e^{-inx}dx = ... + c_{-n}\int_0^{2\pi} e^{-i2nx}dx + ...$$
$$+ c_{-1}\int_0^{2\pi} e^{-i(n+1)x}dx + c_0\int_0^{2\pi} e^{-inx}dx + c_1\int_0^{2\pi} e^{-i(n-1)x}dx + ... + c_n\int_0^{2\pi} 1dx + ...$$

と項別積分に分解できるが、多くの項は

$$\int_0^{2\pi} e^{imx}\, dx = 0$$

のように、m が 0 ではない整数値をとり積分値はゼロとなる。$F(x)$ の項で、積分がゼロとならずに残るのは、唯一 $c_n\exp(inx)$ の項である。なぜなら、この項だけは

$$e^{inx} \cdot e^{-inx} = e^0 = 1$$

という作用のおかげで $m = n + (-n) = 0$ となり

$$\int_0^{2\pi} e^{imx}dx = \int_0^{2\pi} e^0 dx = \int_0^{2\pi} 1\, dx = 2\pi$$

となるからである。

よって

$$\int_0^{2\pi} F(x)e^{-inx}dx = \int_0^{2\pi} c_n\, dx = c_n\left[\, x \,\right]_0^{2\pi} = 2\pi c_n$$

となる。結局、$F(x)$ を使って、係数 c_n を表すと

$$c_n = \frac{1}{2\pi}\int_0^{2\pi} F(x)\, e^{-inx}dx$$

と与えられることになる。

つまり、適当な関数 $F(x)$ が与えられたときに

$$\begin{cases} F(x) = \sum_{n=-\infty}^{\infty} c_n e^{inx} = \sum_{n=-\infty}^{\infty} c_n \exp(inx) \\ c_n = \dfrac{1}{2\pi}\int_0^{2\pi} F(x) e^{-inx} dx \end{cases}$$

の組み合わせで、複素フーリエ級数展開と、複素フーリエ係数を求められることになる。また、$F(x)$ の周期が L の場合には

$$\begin{cases} F(x) = \sum_{n=-\infty}^{\infty} c_n \exp\left(i\dfrac{2\pi n}{L}x\right) \\ c_n = \dfrac{1}{L}\int_0^{L} F(x) \exp\left(-i\dfrac{2\pi n}{L}x\right) dx \end{cases}$$

と変形すればよい。

本書の第 3 章で登場する電子軌道に対応したフーリエ級数は

$$q(t) = \sum_{k=-\infty}^{\infty} Q_k \exp(ik\omega t)$$

というかたちをしている。これは、基本角振動数 ω の整数倍の電子波の重ね合せ状態に対応したものと考えられる。

このとき

$$E_k = \hbar\omega_k = \hbar(k\omega) = k\hbar\omega$$

は、第 3 章で紹介するが、この軌道から放出される光のエネルギーに対応し、軌道上の電子波とは

$$\exp(i\omega_k t) = \exp\left(i\frac{E_k}{\hbar}t\right) = \exp(ik\omega t)$$

という関係にある。

補遺 1-1　電子波と $\exp\{i(kx-\omega t)\}$

量子力学では、空間的かつ時間的に振動している電子波に対して

$$\exp\{i(kx-\omega t)\}$$

という表現を使う。オイラーの公式から

$$\exp\{i(kx-\omega t)\} = \cos(kx-\omega t) + i\sin(kx-\omega t)$$

となるから、ここでは

$$\sin(kx-\omega t)$$

について注目してみよう。

ここで、時間的振動項である ωt に着目し、$t=0$ の始点のときの波のかたちと、$\omega t = \pi/2$ の時点、つまり、$t = \pi/2\omega$ だけ時間が経過した時点での波のかたちを見てみよう。

すると　$t=0$ では

$$\sin kx$$

時間が $t=\dfrac{\pi}{2\omega}$ だけ経過した後では

$$\sin\left(kx-\frac{\pi}{2}\right)$$

となる。

これらの波を図示すると、図 A1-1 のようになる。

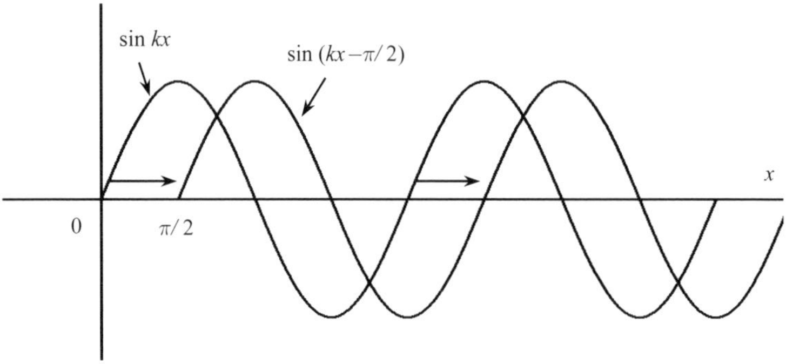

図 A1-1　$\sin(kx-\omega t)$ において、$t=0$ と $t=\pi/2\omega$ の時点での波の形状。時間経過とともに、x 軸の正方向に進む波となることがわかる。

この図から、$\sin(kx-\omega t)$ は、時間経過とともに、x 軸の正の方向に進む波であることがわかる。

まったく、同様にして

$$\cos(kx-\omega t)$$

も、時間経過とともに、x 軸の正方向に進む波となることがわかる。

したがって

$$\exp\{i(kx-\omega t)\}$$

は、x 軸の正方向に進む波となる。

つぎに $\sin(kx+\omega t)$ について注目する。ここで、$t=0$ の始点のときの波のかたちと、$\omega t=\pi/2$ の時点、つまり、$t=\pi/2\omega$ だけ時間が経過した時点での波のかたちを見てみる。

すると　$t=0$ では $\sin kx$ となるので、始点の波は同じである。一方時間が $t=\pi/2\omega$ だけ経過した後では

$$\sin\left(kx+\frac{\pi}{2}\right)$$

となる。これを図示すると、図 A1-2 のようになる。

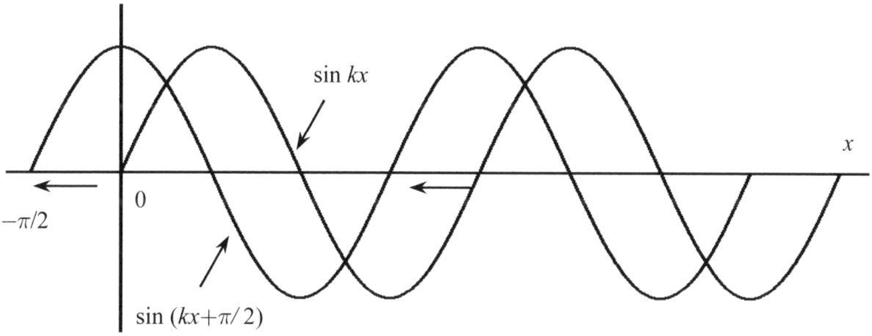

図 A1-2　sin $(kx+\omega t)$ において、$t=0$ と $t=\pi/2\omega$ の時点での波の形状。
時間経過とともに、x 軸の負の方向に進む波となることがわかる。

この図から、sin $(kx+\omega t)$ は、時間経過とともに、x 軸の負の方向に進む波であることがわかる。したがって

$$\exp\{i(kx+\omega t)\}$$

も、x 軸の負の方向に進む波となるのである。

補遺 1-2　級数展開

数学を理工学に利用する場合に、非常に便利な手法として**級数展開** (series expansion) がある。これは、関数 $f(x)$ を、つぎのような**無限べき級数** (infinite power series) に展開する手法である。

$$f(x) = a_0 + a_1 x + a_2 x^2 + a_3 x^3 + a_4 x^4 + a_5 x^5 + ...$$

いったん、関数がこういうかたちに変形できれば、取り扱いが便利である。たとえば、微分と積分が簡単にできる。それではどのような方法で、関数の展開を行うのか。それをつぎに示す。

まず、上記の級数展開の式に $x = 0$ を代入する。すると、 x を含んだ項がすべて消えるので

$$f(0) = a_0$$

となって、**最初の定数項** (first constant term) が求められる。

つぎに、$f(x)$ を x に関して微分すると

$$f'(x) = a_1 + 2a_2 x + 3a_3 x^2 + 4a_4 x^3 + 5a_5 x^4 + \dots$$

となる。この式に $x = 0$ を代入すれは $f'(0) = a_1$ となって、a_2 以降の項はすべて消えて、a_1 のみが求められる。

同様に順次微分を行いながら、$x = 0$ を代入していくと、それ以降の係数が求められる。たとえば

$$f''(x) = 2a_2 + 3 \cdot 2a_3 x + 4 \cdot 3a_4 x^2 + 5 \cdot 4a_5 x^3 + \dots$$

$$f'''(x) = 3 \cdot 2a_3 + 4 \cdot 3 \cdot 2a_4 x + 5 \cdot 4 \cdot 3a_5 x^2 + \dots$$

であるから、$x = 0$ を代入すれば、それぞれ a_2, a_3 が求められる。

よって、係数は

$$a_0 = f(0) \qquad a_1 = f'(0) \qquad a_2 = \frac{1}{1 \cdot 2} f''(0) \qquad a_3 = \frac{1}{1 \cdot 2 \cdot 3} f'''(0)$$

$$\dots\dots\dots \quad a_n = \frac{1}{n!} f^n(0)$$

と与えられ、展開式は

$$f(x) = f(0) + f'(0)x + \frac{1}{2!}f''(0)x^2 + \frac{1}{3!}f'''(0)x^3 + ... + \frac{1}{n!}f^{(n)}(0)x^n + ...$$

となる。これをまとめて書くと**一般式** (general form)

$$f(x) = \sum_{n=0}^{\infty} \frac{1}{n!} f^{(n)}(0)x^n$$

が得られる。

それでは、指数関数 $f(x) = e^x$ の級数展開を行ってみよう。この場合

$$\frac{df(x)}{dx} = \frac{de^x}{dx} = e^x \qquad \frac{d^2 f(x)}{dx^2} = \frac{d}{dx}\left(\frac{df(x)}{dx}\right) = \frac{de^x}{dx} = e^x$$

となって e の場合は、$f^{(n)}(x) = e^x$ となる。ここで、$x = 0$ を代入すると、すべて $f^{(n)}(0) = e^0 = 1$ となる。よって、e の展開式は

$$e^x = 1 + x + \frac{1}{2!}x^2 + \frac{1}{3!}x^3 + \frac{1}{4!}x^4 + ... + \frac{1}{n!}x^n + ...$$

と与えられることになる。

ここで、e^x の展開式を利用すると**自然対数** (natural logarithm) の**底** (base) である e の値を求めることができる。e^x の展開式に $x = 1$ を代入すると、

$$e = 1 + 1 + \frac{1}{2} + \frac{1}{6} + \frac{1}{24} + ...$$

これを計算すると

$$e = 2.718281828.......$$

が得られる。

このように、級数展開を利用すると、**無理数** (irrational number) のネイピア数 e の値を求めることも可能となる。

それでは、つぎに、**三角関数** (trigonometric function) を級数展開してみよう。

$f(x) = \sin x$ の場合

$$f'(x) = \cos x, \quad f''(x) = -\sin x, \quad f'''(x) = -\cos x$$

$$f^{(4)}(x) = \sin x, \quad f^{(5)}(x) = \cos x, \quad f^{(6)}(x) = -\sin x$$

となり、4 回微分するともとに戻る。その後、順次同じサイクルを繰り返す。

ここで、$\sin 0 = 0, \cos 0 = 1$ であるから、

$$\sin x = x - \frac{1}{3!}x^3 + \frac{1}{5!}x^5 - \frac{1}{7!}x^7 + \ldots + (-1)^n \frac{1}{(2n+1)!}x^{2n+1} + \ldots$$

と展開できることになる。x が十分小さい場合は x^3 以降の項が無視できるので、有名な近似式の

$$\sin x \cong x$$

が成立することが、この展開式からわかる。

つぎに $f(x) = \cos x$ の級数展開式を求めてみよう。この場合の導関数は

$$f'(x) = -\sin x, \quad f''(x) = -\cos x, \quad f'''(x) = \sin x,$$
$$f^{(4)}(x) = \cos x, \quad f^{(5)}(x) = -\sin x, \quad f^{(6)}(x) = -\cos x$$

で与えられ、$\sin 0 = 0, \cos 0 = 1$ であるから、

$$\cos x = 1 - \frac{1}{2!}x^2 + \frac{1}{4!}x^4 - \frac{1}{6!}x^6 + \ldots + (-1)^n \frac{1}{(2n)!}x^{2n} + \ldots$$

となる。

補遺 1-3　フーリエ級数展開

フーリエ級数展開 (Fourier series expansion) は任意の周期関数 $F(x)$ を $\sin nx$ と $\cos nx$（n は整数）で級数展開する手法であり、$F(x)$ の周期が 2π のとき

$$F(x) = a_0\cos 0x + a_1\cos 1x + a_2\cos 2x + a_3\cos 3x + ... + a_n\cos nx + ...$$
$$+ b_0\sin 0x + b_1\sin 1x + b_2\sin 2x + b_3\sin 3x + ... + b_n\sin nx + ...$$

のようになる。$\sin 0 = 0$ であるから、この級数展開は

$$F(x) = a_0 + a_1\cos x + a_2\cos 2x + a_3\cos 3x + ... + a_n\cos nx + ...$$
$$+ b_1\sin x + b_2\sin 2x + b_3\sin 3x + ... + b_n\sin nx + ...$$

となって b_0 の項が消える。よって

$$F(x) = a_0 + \sum_{n=1}^{\infty}(a_n \cos nx + b_n \sin nx)$$

となる。

ここで、$F(x)$, $\sin nx$, $\cos nx$ は、2π を周期とした**周期関数**であるが、考えられる周期としては $0 \leq x \leq 2\pi$ や $-\pi \leq x \leq \pi$ などがある。

この級数展開を行うときの実際問題は、展開式の係数 (coefficient)：a_n および b_n をどうやって決めるかである。これら係数を**フーリエ係数**：Fourier coefficients と呼ぶ。

実は、三角関数 (trigonometric function) には以下の特徴がある。n をゼロ以外の任意の整数とすると

$$\int_0^{2\pi} \sin nx\,dx = 0 \qquad \int_0^{2\pi} \cos nx\,dx = 0$$

つまり、$\sin nx$ も $\cos nx$ も 0 から 2π（あるいは $-\pi$ から π）まで x に関して積分すると、その値はゼロになるという性質である。

ここで、フーリエ級数展開のかたちに変形した $F(x)$ を積分範囲 0 から 2π で積分してみよう。すると

$$\int_0^{2\pi} F(x)\,dx = a_0\int_0^{2\pi} dx + a_1\int_0^{2\pi}\cos x\,dx + a_2\int_0^{2\pi}\cos 2x\,dx + ...$$
$$+ b_1\int_0^{2\pi}\sin x\,dx + b_2\int_0^{2\pi}\sin 2x\,dx + ...$$

のように、項別の積分が可能になる。このとき、ほとんどの項の積分値は 0 となるが、唯一 a_0 の項だけ 0 とはならない。これを取り出して計算すると

$$\int_0^{2\pi} F(x)dx = a_0\int_0^{2\pi} 1\,dx = 2\pi a_0$$

となる。よって、最初のフーリエ係数は

$$a_0 = \frac{1}{2\pi}\int_0^{2\pi} F(x)\,dx$$

と与えられることになる。つまり、展開したい関数 $F(x)$ の 0 から 2π までの積分値を求めれば、最初のフーリエ係数を求めることができるのである。

それでは、それ以降のフーリエ係数をどうやって求めるのであろうか。ここでも三角関数の特徴をうまく利用する。

まず、$\sin mx$ に $\cos nx$（m, n は任意の整数）をかけて 0 から 2π まで積分すると、すべてゼロになる。

$$\int_0^{2\pi} \sin mx \cos nx\,dx = 0 \qquad \int_0^{2\pi} \cos mx \sin nx\,dx = 0$$

つぎに、$\sin mx$ と $\sin nx$ あるいは $\cos mx$ と $\cos nx$ をかけると、$m = n$ でない限り、その積分値がすべてゼロになるという性質である。つまり

$$\int_0^{2\pi} \sin mx \sin nx\,dx = 0 \qquad \int_0^{2\pi} \cos mx \cos nx\,dx = 0$$

となる。これを三角関数の直交性と呼んでいる。

ここで、係数 a_n を求めたいときには

$$F(x) = a_0 + \sum_{n=1}^{\infty}(a_n\cos nx + b_n\sin nx)$$

に $\cos nx$ をかけて 0 から 2π まで積分すればよい。すると、三角関数の直交性により $\cos nx$ の項以外の積分はすべて 0 になり、結局

$$\int_0^{2\pi} F(x)\cos nx\,dx = \int_0^{2\pi} a_n\cos^2 nx\,dx = \int_0^{2\pi} a_n\frac{\cos 2nx + 1}{2}\,dx$$

$$=\frac{a_n}{2}\int_0^{2\pi}(\cos 2nx+1)\,dx=a_n\pi$$

となる。よって

$$a_n=\frac{1}{\pi}\int_0^{2\pi}F(x)\cos nx\,dx$$

という積分で、係数 a_n が求められる。

同様にして b_n を求めたいときには、$F(x)$ に $\sin nx$ をかけて 0 から 2π まで積分する。すると

$$\int_0^{2\pi}F(x)\sin nx\,dx=\int_0^{2\pi}b_n\sin^2 nx\,dx=\int_0^{2\pi}b_n\frac{1-\cos 2nx}{2}\,dx$$

$$=\frac{b_n}{2}\int_0^{2\pi}(1-\cos 2nx)\,dx=b_n\pi$$

となって

$$b_n=\frac{1}{\pi}\int_0^{2\pi}F(x)\sin nx\,dx$$

のかたちの積分で b_n が与えられる。

これで、フーリエ級数展開のすべての係数を求めることができる。ところで a_n の一般式

$$a_n=\frac{1}{\pi}\int_0^{2\pi}F(x)\cos nx\,dx$$

にしたがえば

$$a_0=\frac{1}{\pi}\int_0^{2\pi}F(x)\,dx$$

となる。このため、先ほど求めた

$$a_0=\frac{1}{2\pi}\int_0^{2\pi}F(x)\,dx$$

を修正して

$$\frac{a_0}{2}=\frac{1}{2\pi}\int_0^{2\pi}F(x)\,dx$$

と置き

$$F(x) = \frac{a_0}{2} + \sum_{n=1}^{\infty} (a_n \cos nx + b_n \sin nx)$$

とするのが一般的である。

　また、複素フーリエ級数では

$$c_0 = \frac{a_0}{2} = \frac{1}{2\pi} \int_0^{2\pi} F(x)\, dx$$

としているが、c_n の一般式である

$$c_n = \frac{1}{2\pi} \int_0^{2\pi} F(x)\, e^{-inx} dx$$

に $n = 0$ を代入すれば、確かに c_0 が得られる。

第 2 章　原子の構造と電子軌道

本章から量子力学建設の歴史を振り返ることになる。もちろん、新しい学問が登場するには、それなりの契機が必要となる。それは、原子内の電子の運動を解析する過程で、古典力学では説明のできない事実がわかったことが背景にある。本章では、それを整理したい。

原子の構造は、図 2-1 に示すように、その中心にプラスに帯電した**原子核** (atomic nucleus) が存在し、そのまわりの電子軌道に、マイナスに帯電した電子が存在することが明らかとなった。この電子の運動について、古典論をもとに、その概観を見てみよう。

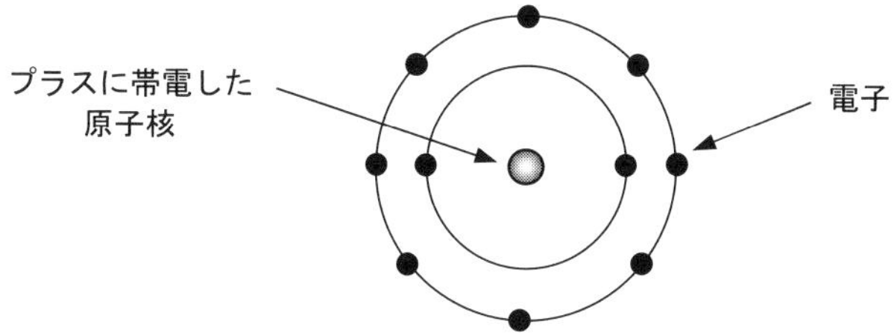

図 2-1　原子構造の模式図

正に帯電した原子核と負の電子の間にはクーロン引力が働く。ここでは、原子核は +1 に帯電し、半径 r の軌道を電子 1 個が回っているというモデルを考える。これは、水素原子の構造に相当する。このとき、電子と原子核の間には

$$F=-k\frac{e^2}{r^2}$$

という引力が働く。

ただし、e は**電気素量** (elementary electric charge : 1.602×10^{-19} [C]) であり電子

1 個（あるいは陽子 1 個）の電荷の大きさに相当する。

また、k は**クーロン定数** (Coulomb constant) と呼ばれる定数である。ε_0 を**真空の誘電率** (dielectric constant in vacuum : 8.854×10^{-12} [C^2/Nm^2]) とすると、クーロン定数 k は

$$k = \frac{1}{4\pi\varepsilon_0}$$

と与えられ

$$k = 8.99\times10^9 \quad [Nm^2/C^2]$$

という値となる。

この引力によって、電子は原子核に引き寄せられる。ただし、この引力だけでは電子は原子核に引き寄せられるので、原子の大きさを保つことができない。原子の大きさ（あるいは電子軌道の大きさ）を保つためには、電子はある一定の速度で運動する必要がある。電子の質量を m_e, 軌道半径を r とし、電子が速度 v で運動しているとすると、この電子には

$$F = \frac{m_e v^2}{r}$$

という**遠心力** (centrifugal force) が働くことになる。

演習 2-1　電子に働く遠心力とクーロン引力がつりあったときに軌道が安定となるという条件（図 2-2 参照）から、電子半径 r を求めよ。

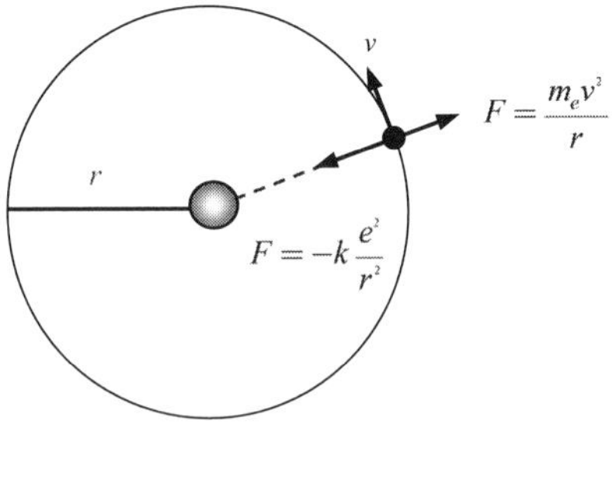

図 2-2　水素原子の構造。円運動している電子に働く遠心力と、原子核と電子間のクーロン引力がつりあうことで、電子軌道が安定となると考えられる。

解）　遠心力とクーロン引力のつり合いは

$$\frac{m_e v^2}{r} = k\frac{e^2}{r^2}$$

となる。この関係式より、軌道半径 r は

$$r = \frac{ke^2}{m_e v^2}$$

と与えられる。

これで問題がなさそうであるが、どうであろうか。太陽系を回る地球などの惑星の公転軌道をイメージすればよい。実は、深刻な問題が生じる。それは、電子は負の電荷を有するという事実である。

古典論では、**荷電粒子** (charged particle) が加速度運動をすると電磁波を発生することが知られている。電子の円運動は、**等速度運動** (motion with uniform velocity) ではなく、**等加速度運動** (motion with uniform acceleration) である。よって、回転運動している電子（荷電粒子）からは常に電磁波が放出されることになる。現に、放射光施設では、この原理を利用して電磁波である**放射光** (synchrotron radiation) を取り出している。

当然、電磁波の放出によって、電子は運動エネルギーを失うため、速度が低下する。すると遠心力も小さくなるので、電子の軌道半径は小さくなり、最後は原子核に引き寄せられてしまう。つまり、荷電粒子である電子の回転運動は安定ではないのである。

したがって、原子の安定な電子構造を説明するためには、古典論とは異なる新たな理論が必要となったのである。そして、その探索にあたって大きなヒントとなる現象があった。それは、元素から放出される電磁波のスペクトルは連続ではなく、ある振動数に限られるという現象である。

2. 1.　線スペクトル

水素原子だけが入った容器を加熱して、放出される電磁波のスペクトルを調べると図 2-3 に示すように、ある決まった波長 λ（あるいは振動数 ν）の光しか観察されないことがわかった。ここで、c を**光速** (velocity of light : 3×10^8 [m/s])と

すると、光の振動数 ν と波長 λ の間には $\nu = c/\lambda$ という関係がある。

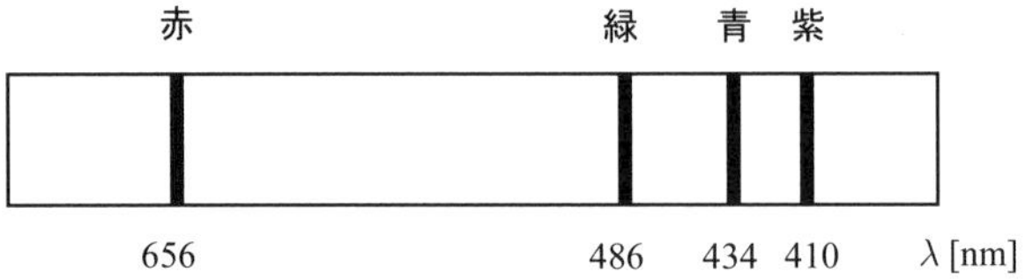

図 2-3　水素原子の発するスペクトルの例（バルマー系列）

電子が原子核のまわりを回って円運動しているとすると、円運動の半径は任意であるから、連続的に変化できるはずである。よって、すべての振動数の光が観測されても良さそうである。

このため、ある決まった振動数の光しか観察されないという現象は、古典論から見ると奇妙なものであったのである。元素から放出される光のスペクトルを**線スペクトル** (line spectrum) と呼んでいる。そして、元素の種類が決まれば、線スペクトルは常に同じであるということもわかった。

1885 年、中学校の数学教師であった**バルマー** (Balmer) は、水素原子から出る光のスペクトルに、ある規則性があることを発見する。当時、可視領域では、図 2-3 に示すように、赤、緑、青、紫の 4 色のスペクトルが水素原子から発せられることが知られていた。バルマーは、これら 4 色の光の波長を吟味することで、現在**バルマーの公式** (Balmer's formula) と呼ばれる規則性を導き出した。それは、水素原子から出る光の波長は

$$\lambda = b\left(\frac{n^2}{n^2 - m^2}\right)$$

という式に従うというものであった。

ただし、n も m も整数であり、b は 364.56 [nm] という定数である。この式において、m を 2 に固定し、n を 3, 4, 5, 6 と動かしていくと、図 2-3 に示した水素原子のスペクトルの波長と一致する結果が得られたのである。

演習 2-2　バルマーの公式において、$m=2$ として、$n=3, 4, 5, 6$ に対応する発光スペクトルの波長を計算せよ。

解）　n に対応する波長 [nm] は

$$\lambda_n = 364.54\left(\frac{n^2}{n^2-2^2}\right)$$

となるので

$$\lambda_3 = 364.54\left(\frac{3^2}{3^2-2^2}\right) \cong 656 \qquad \lambda_4 = 364.54\left(\frac{4^2}{4^2-2^2}\right) \cong 486$$

$$\lambda_5 = 364.54\left(\frac{5^2}{5^2-2^2}\right) \cong 434 \qquad \lambda_6 = 364.54\left(\frac{6^2}{6^2-2^2}\right) \cong 410$$

となる。

以上の計算結果は、実験で得られたバルマー系列のスペクトルの波長と、みごとに一致している。驚くことに、バルマーは、物理的な考察ではなく、純粋な数学的手法により、この公式を導いたと言われている。

演習 2-3　バルマーの公式を、波長 λ から振動数 ν の関係に変換せよ。

解）　光の波長 λ と振動数 ν の関係は、光速を c とすると

$$\nu = \frac{c}{\lambda}$$

となる。右辺に

$$\lambda = b\left(\frac{n^2}{n^2-m^2}\right)$$

を代入すると

$$\nu = \frac{c}{b}\left(\frac{n^2 - m^2}{n^2}\right) = \frac{c}{b}\left(1 - \frac{m^2}{n^2}\right) = \frac{cm^2}{b}\left(\frac{1}{m^2} - \frac{1}{n^2}\right)$$

と与えられる。

ここで、$R = m^2/b$ と置くと

$$\nu = cR\left(\frac{1}{m^2} - \frac{1}{n^2}\right)$$

となる。

つまり、水素から発せられる光の振動数 ν は、$m = 2$ として

$$\nu_3 = cR\left(\frac{1}{2^2} - \frac{1}{3^2}\right) \qquad \nu_4 = cR\left(\frac{1}{2^2} - \frac{1}{4^2}\right)$$

$$\nu_5 = cR\left(\frac{1}{2^2} - \frac{1}{5^2}\right) \qquad \nu_6 = cR\left(\frac{1}{2^2} - \frac{1}{6^2}\right)$$

という式で与えられることになる。

バルマーの公式に出会った分光学者の**リュードベリ** (Rydberg) は水素原子だけではなく、他の原子についても同様の公式が成立するのではないかと考えた。そして、実験を行ったところ、水素以外の原子についても発光スペクトルがバルマーの公式に従うことを確認する。

さらに、数多くの実験結果から、定数 R が原子の種類に関係なく

$$R = 1.097373154 \times 10^7 \quad [\mathrm{m}^{-1}]$$

という一定の値となることを発見するのである。定数 R を**リュードベリ定数** (Rydberg constant) と呼んでいる。

可視光以外の光も含めると、水素原子から発せられる光の振動数は $m=2$ だけではなく

$$\nu(n; m) = cR\left(\frac{1}{m^2} - \frac{1}{n^2}\right) \quad (n > m)$$

という一般式で表されることもわかったのである。

バルマーの公式は $m=2$ の場合に相当する。しかし、バルマーやリュードベリは、なぜ水素の発光スペクトルが、このような式に従うかまでは解明することができなかったのである。

2.2. ボーアの原子モデル

リュードベリらが見つけた水素原子から出てくる光の振動数の公式

$$\nu = cR\left(\frac{1}{m^2} - \frac{1}{n^2}\right)$$

は何を意味しているのであろうか。

ここで、両辺に**プランク定数** (Planck constant : 6.63×10^{-34} [J･s]) の h をかけてみよう。すると

$$E = h\nu = hcR\left(\frac{1}{m^2} - \frac{1}{n^2}\right)$$

となり、左辺は光のエネルギーとなる。

この式は、元素から発生する光のエネルギー E が、ある 2 つのエネルギーの引き算 $(E_m - E_n)$ となっていることを示唆している。つまり

$$E_m = \frac{hcR}{m^2} \qquad E_n = \frac{hcR}{n^2}$$

という 2 つのエネルギー差と考えられる。

そして、これらエネルギーは、整数の 2 乗の逆数となっていることから、連続ではなく飛び飛びの値となることも示している。

ここで、**ボーア** (Bohr) は、古典論と異なり、電子が軌道を円運動しているときには電磁波を発生しないが、電子が軌道間を遷移するときに、そのエネルギー差に相当する

$$\Delta E = E_n - E_m$$

を電磁波として放出すると考えたのである（図 2-4 参照）。

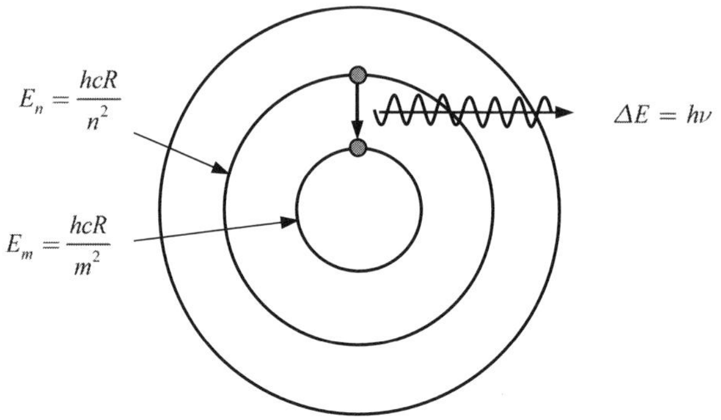

図 2-4　電子が軌道間を遷移するときにエネルギー差に相当する電磁波が放出される。

このとき、第 n 軌道にある電子のエネルギーは

$$E_n = \frac{hcR}{n^2}$$

と与えられることになる。

ところで、原子核に近いほど n の値は小さいが、このままでは、n が小さい軌道のエネルギーほど大きいという結果になる。これは、明らかにおかしい。

そこで、ボーアは発想の転換を行った。まず、この式において $n \to \infty$ としてみよう。すると

$$E_n(n \to \infty) = 0$$

となる。つまり、最も外殻軌道の電子のエネルギーがゼロとなる。この軌道は、原子核の束縛から電子が逃れた自由な状態と考えられる。

つぎに、n 軌道のエネルギーは

$$E_n = -\frac{hcR}{n^2}$$

として負の値を有すると考えたのである。

そして、エネルギーが負となるのは、電子が自由な状態から原子核にとらわれたときのエネルギーの深さに相当すると考えたのである（図 2-5 参照）。

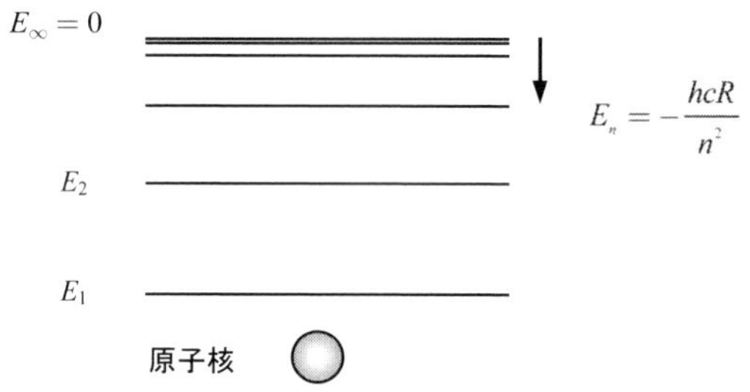

図 2-5　エネルギー準位は無限遠をゼロとして考える。

このように考えると、最も原子核に近い電子のエネルギー準位が最も深い位置にあることになる。このとき、軌道間の遷移に伴うエネルギー差は

$$\Delta E = E_n - E_m = \left(-\frac{hcR}{n^2}\right) - \left(-\frac{hcR}{m^2}\right) = \frac{hcR}{m^2} - \frac{hcR}{n^2}$$

$$= hcR\left(\frac{1}{m^2} - \frac{1}{n^2}\right)$$

となる。このとき、$n > m$ ならば

$$\Delta E = E_n - E_m > 0$$

となって、リュードベリの公式と矛盾しない。

これを別な視点で見てみよう。束縛のない自由な電子があったとする。この電子が原子核に捉われるというのは、原子核のポテンシャルである井戸にはまるようなものである。そして、原子核に近くなるほど、井戸の深さは大きくなる。つまり、負のエネルギーが大きくなる。ただし、電子の波動性によって、井戸の中のエネルギー準位は、飛び飛びの値となる。こう考えると、矛盾なく、原子内の電子軌道のエネルギーを説明することが可能となるのである。

ところで、電子の第 n 軌道に対するエネルギー依存性は $1/n^2$ となっている。つまり、1, 1/4, 1/9 と変化していく。これは、量子という観点からは、すっきりしない。なぜなら、量子というからには、物理量は、ある基本単位の整数倍になっている必要があるからである。

2. 3.　ボーアの量子条件

ボーアは、電子軌道のエネルギーではなく、その**角運動量** (angular momentum) に注目すると、量子化に関して非常に興味ある結果が得られることに気づいた。角運動量とは円運動や楕円運動に使われる運動量のことで、通常の運動量 $p = m_e v$ に軌道半径 r を乗じたものであり

$$M = pr = m_e vr$$

と与えられる[6]。

そして、ボーアは、n 軌道の電子の角運動量が

$$M = n\frac{h}{2\pi} = n\hbar$$

というように $h/2\pi\ (= \hbar)$ を単位として量子化されていることに気づくのである。h は**プランク定数**であり n は整数である。これを**ボーアの量子条件** (Bohr's quantization rule) と呼んでいる。

実は、ボーア自身も気づかなかったが、この条件式は、**ド・ブロイ** (de Broglie) によって提唱された電子波という考えを使うとうまく説明できるのである。

演習 2-4　光の運動量 p は、その波長を λ とすると

$$p = \frac{h\nu}{c} = \frac{h}{\lambda}$$

と与えられる。ただし、h はプランク定数、c は光速、ν は振動数である。この関係を電子波に準用し、その波長と電子軌道の周長との関係を導出せよ。

解）　光に成立する関係が電子波にも適用できると仮定すれば、電子の運動量は、電子波の波長 λ と $p = h / \lambda$ という関係にある。

すると、電子の角運動量は

$$M = pr = \frac{h}{\lambda}r$$

と与えられる。これをボーアの量子条件

---

[6] 角運動量については、補遺 2-1 を参照されたい。

$$M = n\frac{h}{2\pi}$$

に代入すると

$$M = \frac{h}{\lambda}r = n\frac{h}{2\pi}$$

となり

$$2\pi r = n\lambda$$

という関係が得られる。

この式は、安定な電子軌道の周長 $2\pi r$ は、電子波の波長 λ の整数倍に限られるという有名な関係である（図 2-6 参照）。

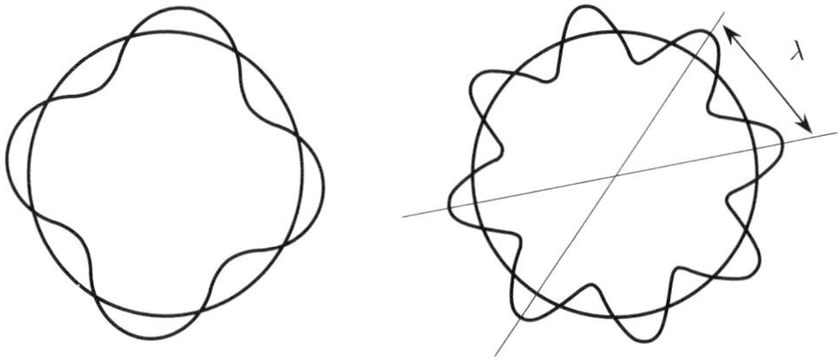

図 2-6　安定な電子軌道は、その周長が電子波の波長 λ の整数倍となる。$2\pi r = n\lambda$ において左図は $n = 4$, 右図は $n = 8$ の場合に相当する。

演習 2-5　ボーアの量子条件 $M = n(h/2\pi)$ をもとに、電子軌道の半径 r を求めよ。

解）　量子条件

$$M = m_e vr = n\frac{h}{2\pi}$$

より、電子の速度 v は

$$v = \frac{nh}{2\pi m_e r}$$

と与えられる。また。力のつりあい方程式

$$\frac{m_e v^2}{r} - k\frac{e^2}{r^2} = 0$$

から

$$r = \frac{ke^2}{m_e v^2}$$

となるので、v に代入すると

$$r = \frac{n^2 h^2}{(2\pi)^2 m_e k e^2}$$

と与えられる。

このように、ボーアの量子条件を利用すれば、原子内にある電子の軌道半径を計算できるのである。これは、とても大きな成果であった。

ここで、軌道半径には n^2 の項がついているので

$$r_1 = \frac{h^2}{(2\pi)^2 m_e k e^2} \qquad r_2 = \frac{2^2 h^2}{(2\pi)^2 m_e k e^2} \qquad r_3 = \frac{3^2 h^2}{(2\pi)^2 m_e k e^2}$$

のように飛び飛びの値をとることがわかる。

つまり、第 2 軌道の半径は、第 1 軌道の 4 倍となり、第 3 軌道では 9 倍となる。ここで、電子軌道の半径を決める数字 n を**量子数** (quantum number) と呼んでいる。水素原子の場合には、電子が 1 個しかないので、その**基底状態** (ground state) は $n=1$ となり、これが原子半径となる。つまり、第 1 軌道の半径に相当し、その値である

$$a = \frac{h^2}{(2\pi)^2 m_e k e^2}$$

を**ボーア半径** (Bohr radius) と呼んでいる。

演習 2-6　電子の質量は $m_e = 9.109 \times 10^{-31}$ [kg] と与えられる。このとき、ボーア半径を計算せよ。

解）　電子の質量 m_e とともに、ボーア半径 a の計算に必要な定数は

$$h = 6.63\times10^{-34}\,[\mathrm{J\cdot s}],\quad k = 8.99\times10^{9}\ [\mathrm{Nm^2/C^2}],\quad e = 1.602\times10^{-19}\,[\mathrm{C}]$$

と与えられる。

したがって

$$a = \frac{h^2}{(2\pi)^2 m_e k e^2} = \frac{(6.63\times10^{-34})^2}{6.28^2\times9.109\times10^{-31}\times8.99\times10^{9}\times(1.602\times10^{-19})^2}$$

$$= \frac{43.96\times10^{-68}}{39.44\times9.109\times8.99\times2.566\times10^{-60}} \cong 5.304\times10^{-11}$$

から

$$a = 5.3\times10^{-11}\,[\mathrm{m}]$$

となる。

つまり、水素原子の半径は 0.5 [Å] 程度ということになる。さらに、水素原子内の電子に許される軌道の大きさは、ボーア半径を使うと

$$r_n = n^2 a$$

となる。

ただし、水素原子より質量の大きい元素の場合には、電子の数も増え、軌道もより複雑になるので、その軌道半径の計算は水素原子のように単純ではない。

それでは、安定な電子軌道の半径が得られたので、つぎに、電子軌道のエネルギー E_n を求めてみよう。エネルギーは電子の運動エネルギー T とポテンシャルエネルギー U の和となる。

ここで、ポテンシャルエネルギーは、どこに基準点を置くかに依存する。いままでの取り扱いでは無限遠に原点を置いているので、ここでも同様の取り扱いをする。まず、原子核が $+e$ の電荷とすると、距離 r だけ離れた電子に働くクーロン引力は

$$F = -\frac{ke^2}{r^2}$$

である。すると無限遠から見たポテンシャルエネルギー U は

$$U = -\int_{\infty}^{r} F dr = \int_{\infty}^{r} \frac{ke^2}{r^2} dr = \left[-\frac{ke^2}{r}\right]_{\infty}^{r} = -\frac{ke^2}{r}$$

となる。

これは、無限遠から電子をこの位置まで移動させるのに要する仕事と大きさは等価となる。（符号は逆となる。）

演習 2-7　半径 r の軌道にある電子の運動エネルギー T を、クーロン引力と遠心力のつり合いから求めよ。

解）　運動エネルギーを求めるためには、電子の速さ v を求めればよい。ここで、電子の遠心力とクーロン力のつりあい方程式から

$$\frac{m_e v^2}{r} = \frac{ke^2}{r^2}$$

という関係が得られ

$$v^2 = \frac{ke^2}{m_e r}$$

となる。したがって

$$T = \frac{1}{2} m_e v^2 = \frac{1}{2} m_e \left(\frac{ke^2}{m_e r} \right) = \frac{ke^2}{2r}$$

と与えられる。

よって、半径 r の電子軌道にある電子の全エネルギーは

$$E = T + U = \frac{ke^2}{2r} - \frac{ke^2}{r} = -\frac{ke^2}{2r}$$

となる。これに、先ほど求めた軌道半径の式

$$r_n = \frac{n^2 h^2}{(2\pi)^2 m_e ke^2}$$

を代入すると

$$E_n = -\frac{ke^2}{2r_n} = -\frac{(2\pi)^2 m_e k^2 e^4}{2h^2} \frac{1}{n^2}$$

となる。

演習 2-8　上記のエネルギー E_n が、ボーアがリュードベリの式からヒントを得て仮定した軌道エネルギー

$$E_n = -\frac{hcR}{n^2}$$

と一致するとして、リュードベリ定数 R の値を求めよ。

解）

$$hcR = \frac{(2\pi)^2 m_e k^2 e^4}{2h^2} = \frac{2\pi^2 m_e k^2 e^4}{h^2}$$

となり、リュードベリ定数 R は

$$R = \frac{2\pi^2 m_e k^2 e^4}{ch^3}$$

と与えられる。

実際に数値を代入して計算すると

$$R = 1.0968 \times 10^7 \ [\mathrm{m}^{-1}]$$

となる。

この値は、すでに紹介したリュードベリが実験的に求めた値である

$$R = 1.097373154 \times 10^7 \, [\mathrm{m}^{-1}]$$

と非常によい一致をみせるのである。

このようにボーアの理論によって、原子内の電子軌道に関する理解が大きく進んだのである。

2.4.　電子の 2 面性

すでに紹介したように、ボーアの量子条件のなぞは、**ド・ブロイ** (de Broglie) による**電子の波動説** (electron wave theory) によって説明することができる。

ド・ブロイは貴族の出身であるが、本格的な物理教育を受けたことのない歴史学者であった。兄は物理学者であり、参加したソルベー会議で聞いた光の 2 面性の話を弟に聞かせたところ、大きな感銘を受けたという。そして、弟は物理に興

味を抱くようになり、1924年にとんでもない理論を発表する。学位論文で、「電子には波の性質がある」ということを提唱するのである。

波と考えられていた光に粒子性があるならば、粒子と考えられている電子に波動性があってもよいだろうという逆転の発想である。

ド・ブロイは、アインシュタインが光量子仮説で示した光の性質が電子にもあてはまると考えた。光子のエネルギーは

$$E = h\nu$$

と与えられ、その運動量は

$$p = \frac{E}{c} = \frac{h\nu}{c} = \frac{h}{\lambda}$$

と与えられる。電子の場合は、質量があるので、エネルギーと運動量は

$$E = \frac{1}{2} m_e v^2 \qquad p = m_e v$$

と与えられるが、光と同様に扱うことで、電子の場合は、その振動数および波長が

$$\nu = \frac{E}{h} = \frac{m_e v^2}{2h} \qquad \lambda = \frac{h}{p} = \frac{h}{m_e v}$$

と与えられる波として振舞うと提唱したのである。

さらにド・ブロイは、この関係式を電子だけでなく、すべての物質に対して成り立つと考え、**物質波** (matter wave) と命名した。

学位論文を審査する側は、物理学の素人がとんでもないことを発表したものだと半ばあきれかえったと言われている。しかし、ド・ブロイは貴族であり、物理界に対するよきスポンサーであったため、その学位論文をないがしろにすることもできなかったのである。論文審査の際に、審査員から、電子波の存在をどのように検証したらよいか尋ねられたド・ブロイは、電子の回折現象がみられるはずだと答えたという。

荒唐無稽と思われたド・ブロイの電子波仮説が実験によって確かめられることになる。アメリカのベル研で**デヴィッソン** (Davisson) と**ガーマー** (Germer) は、電子線を使ってニッケルの結晶構造を調べる実験をしていた。2人は、ニッケルの表面に電子ビームをあて、それが結晶によって反射される様子を調べることで結晶がどのような構造をしているかを調べる研究を行っていた。ところが、測定

結果にうまく説明のできないデータがあらわれた。その時、彼らはド・ブロイの電子波の仮説のことを知り、電子が粒子ではなく波という仮定でデータを解析したところ、電子線の干渉現象によって、データをうまく説明することに成功したのである。ド・ブロイが電子波仮説を発表してから 3 年後の 1927 年のことである。

その後、**トムソン** (G. P. Thomson) は、金箔に電子線を透過したときにデバイシェラー環と呼ばれる電子線の回折による干渉縞の観測に成功する。また、日本の菊池正士も薄い雲母に電子線を透過させ、X 線の**ラウエ斑点** (Laue spot) に似た**電子線回折** (electron diffraction) による斑点の写真撮影に成功した。

これらの実験的検証によって、ド・ブロイの電子波の理論は認知されることになる。興味深いことに、菊池以外のド・ブロイ、デヴィッソン、ガーマー、トムソンはすべてノーベル賞を受賞した。

電子に波動性があることが明らかになって、ボーアの量子条件の意味が明らかとなった。すでに紹介したように、ボーアの式を変形すると

$$2\pi r = n\lambda$$

となって、電子軌道として許されるものは、その周長が電子波の整数倍となる軌道である。つまり、原子内の電子は波として振る舞うのである。この事実が、量子力学の建設へとつながっていくことになる。ただし、量子力学においてはボーアの量子条件をより一般化したゾンマーフェルトの量子条件である

$$\oint p\,dq = nh$$

を使うのが一般的である。

ボーアの量子条件は、円運動にしか使うことができないが、ゾンマーフェルトの量子条件は、楕円軌道にも適用することができる。

ハイゼンベルクは、この量子条件を利用することで、行列力学において、大きなブレイクスルーにつながる成果を得ることになるが、それについては、今後紹介していく。

また、ゾンマーフェルトの量子条件の詳細については、補遺 2-2 を参照されたい。

補遺 2-1　角運動量

角運動量 (angular momentum : M) とは、**運動量** (momentum : mv) に**動径** (r) をかけたものである。

$$M = mvr$$

これは、どのような物理量であろうか。

実は、正確には、角運動量はベクトルであり、つぎのように

$$\vec{\boldsymbol{M}} = \vec{\boldsymbol{p}} \times \vec{\boldsymbol{r}}$$

というベクトル積によって与えられる。ここで、$\vec{\boldsymbol{p}}$ は運動量ベクトル、$\vec{\boldsymbol{r}}$ は動径ベクトルである。この運動量は回転運動に対して定義されるが、なぜ回転の場合には、運動量だけではだめなのであろうか。

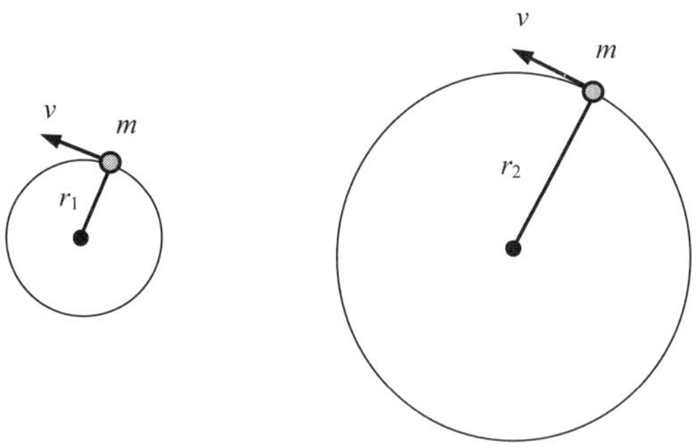

図 A2-1　動径の異なる回転運動：回転速度が同じであっても、
回転半径が大きければ、それだけ回転モーメントは大きくなる。

ここで、図 A2-1 のように、質量 m の物体が速度 v で等速円運動している場合を想定してみよう。ただし、回転半径の大きさが異なるものとする。このとき、

運動量だけみれば、どちらの回転物体においても $p = mv$ と変わらない。しかし、経験からわかるように、回転半径の大きい方が、回転させる能力は大きくなる。

これを理解するには、図 A2-2 に示した力のモーメントとの対応関係を思い出してもらえばよい。

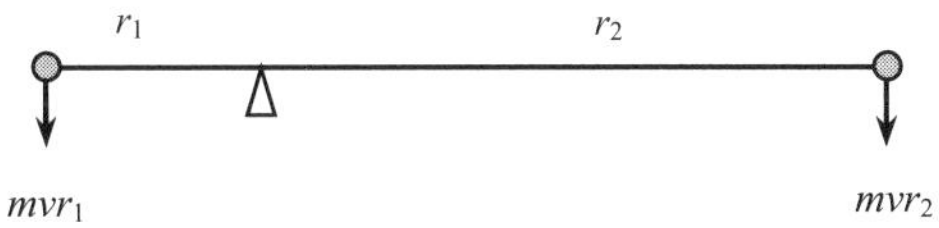

図 A2-2　回転モーメントと角運動量

同じ運動量であっても、当然、腕の長い方が回転能力は大きくなる。よって、運動量が $p = mv$ と同じであっても腕の長い r_2 の効果で、時計まわりに回転することになる。この違いを反映したのが角運動量である。

それでは、角運動量について重要事項をまとめてみよう。まず運動量は

$$\vec{\boldsymbol{p}} = m\vec{\boldsymbol{v}} = m\frac{d\vec{\boldsymbol{r}}}{dt}$$

であるから

$$\frac{d\vec{\boldsymbol{p}}}{dt} = m\frac{d^2\vec{\boldsymbol{r}}}{dt^2} = \vec{\boldsymbol{F}}$$

となって、運動量の時間変化は力となる。

すると、角運動量の時間変化は

$$\frac{d\vec{\boldsymbol{M}}}{dt} = \frac{d}{dt}(\vec{\boldsymbol{p}} \times \vec{\boldsymbol{r}}) = \frac{d\vec{\boldsymbol{p}}}{dt} \times \vec{\boldsymbol{r}} + \vec{\boldsymbol{p}} \times \frac{d\vec{\boldsymbol{r}}}{dt}$$

となる。ここで

$$\frac{d\vec{\boldsymbol{r}}}{dt} = \vec{\boldsymbol{v}}, \quad \vec{\boldsymbol{p}} = m\vec{\boldsymbol{v}}$$

から

$$\vec{\boldsymbol{p}} \times \frac{d\vec{\boldsymbol{r}}}{dt} = m\vec{\boldsymbol{v}} \times \vec{\boldsymbol{v}} = 0$$

となるので

$$\frac{d\vec{\boldsymbol{M}}}{dt} = \frac{d\vec{\boldsymbol{p}}}{dt} \times \vec{\boldsymbol{r}} = \vec{\boldsymbol{F}} \times \vec{\boldsymbol{r}}$$

となる。

ここで、円運動の場合、力の作用する方向は、常に動径方向である。このような力を**中心力** (central force) と呼んでいる。このとき、力ベクトルと動径ベクトルは

$$\vec{\boldsymbol{F}} \,||\, \vec{\boldsymbol{r}}$$

のように平行となるので、その外積は

$$\vec{\boldsymbol{F}} \times \vec{\boldsymbol{r}} = 0$$

となる。よって

$$\frac{d\vec{\boldsymbol{M}}}{dt} = 0$$

となり、角運動量の時間変化がないことになる。

つまり、中心力場では角運動量は**保存量** (conserved quantity) となるのである。これを**角運動量の保存法則** (Law of conservation of angular momentum) と呼んでいる。

それでは、角運動量について、もう少し詳しく見てみよう。角運動量、運動量、動径ともにベクトルであるから

$$\vec{\boldsymbol{M}} = \begin{pmatrix} M_x \\ M_y \\ M_z \end{pmatrix} \qquad \vec{\boldsymbol{p}} = \begin{pmatrix} p_x \\ p_y \\ p_z \end{pmatrix} \qquad \vec{\boldsymbol{r}} = \begin{pmatrix} x \\ y \\ z \end{pmatrix}$$

と置くと $\vec{\boldsymbol{M}} = \vec{\boldsymbol{p}} \times \vec{\boldsymbol{r}}$ は

$$\begin{pmatrix} M_x \\ M_y \\ M_z \end{pmatrix} = \begin{pmatrix} p_x \\ p_y \\ p_z \end{pmatrix} \times \begin{pmatrix} x \\ y \\ z \end{pmatrix} = \begin{pmatrix} p_y z - p_z y \\ p_z x - p_x z \\ p_x y - p_y x \end{pmatrix}$$

となる。

ただし、周期的な回転運動の場合には、回転はある決まった平面で生じる。これを xy 平面にとると

$$\begin{pmatrix} M_x \\ M_y \\ M_z \end{pmatrix} = \begin{pmatrix} p_x \\ p_y \\ 0 \end{pmatrix} \times \begin{pmatrix} x \\ y \\ 0 \end{pmatrix} = \begin{pmatrix} 0 \\ 0 \\ p_x y - p_y x \end{pmatrix}$$

と簡単化される。

つまり

$$M_x = 0, \quad M_y = 0, \quad M_z = p_x y - p_y x$$

となる。

それでは、等速円運動の場合の角運動量について考察してみよう。図 A2-3 に示したように、質量 m の物体が半径 r の円軌道上を一定の速さ v で反時計まわりに回転運動している状態を考える。

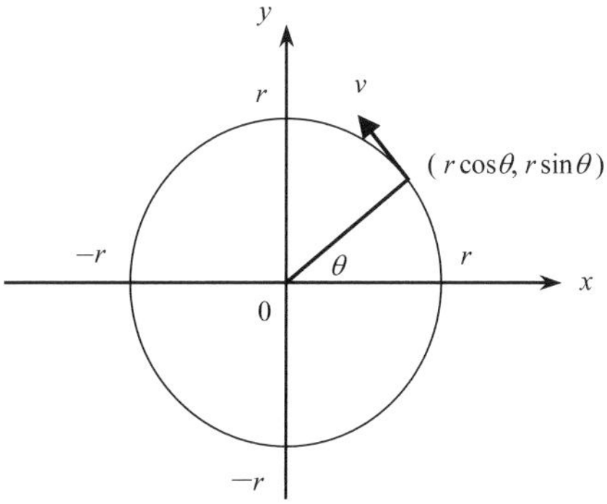

図 A2-3　等速円運動と速度成分

すると、回転半径が r で円周の接線方向に速さ v で回転することになる。このとき、運動量 p は $p = mv$ となる。実際には、速度も運動量もベクトルであり

$$\vec{v} = \begin{pmatrix} v_x \\ v_y \end{pmatrix} \qquad \vec{p} = \begin{pmatrix} p_x \\ p_y \end{pmatrix} = m\vec{v} = \begin{pmatrix} mv_x \\ mv_y \end{pmatrix}$$

という関係にある。

図 A2-4 を参照すると

$$p_x = -mv\sin\theta \qquad p_y = mv\cos\theta$$

$$x = r\cos\theta \qquad\qquad y = r\sin\theta$$

となる。

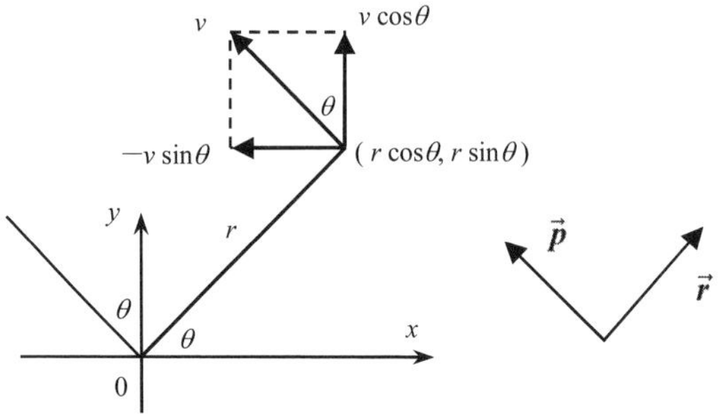

図 A2-4　等速円運動における速度の成分と角度の関係。
この配置での運動量ベクトルと位置ベクトルの方位関係。

以上をもとに、角運動量を計算すると

$$M_z = p_x y - p_y x = -mv\sin\theta\, r\sin\theta - mv\cos\theta\, r\cos\theta$$
$$= -mvr(\sin^2\theta + \cos^2\theta) = -mvr$$

となる。

図 A2-4 の方位関係では、$\vec{\boldsymbol{M}} = \vec{\boldsymbol{p}} \times \vec{\boldsymbol{r}}$ から M_z は負の値になる。つまり、紙面の表から裏へ向かう方向となる。また、その大きさは本文で求めたように mvr となっている。

補遺 2-2　ゾンマーフェルトの量子条件

ボーアの量子条件は､原子内の電子が円軌道を描くと仮定して得られるものである。しかし、電子の運動を一般化して中心力場の運動と考えると、楕円運動も考えられる。そこで、**ゾンマーフェルト** (Sommerfeld) は、量子条件をより一般的な楕円運動にも適用できないかと考えた。

そのとき、ヒントになったのが、解析力学で重用される**作用変数** (action variable) である。それは

$$J = \oint p\, dq$$

というかたちをした積分であり、p は運動量、q は位置座標である。まさつのない周期運動では、J は一定に保たれることが知られている。そのため、**断熱不変量** (adiabatic invariant) とも呼ばれている。

原子内の電子の運動も、周期運動であり、しかも永続する運動であるから、当然、J が一定となるはずである。

それでは、電子の等速円運動の J の値を計算してみよう。ただし、その前に、作用変数について少し復習しておく。

単振動のような 1 次元の運動では、作用変数 J は上式で与えられるが、2 次元以上の運動においては、解析力学において定義される一般化座標を $q_1, q_2, ..., q_n$ とすると

$$\oint \vec{\boldsymbol{p}} \cdot d\vec{\boldsymbol{q}} = \oint p_1\, dq_1 + \oint p_2\, dq_2 + ... + \oint p_n dq_n$$

というベクトルの内積の閉回路に沿った積分となる。このとき、$p_1, p_2, ..., p_n$ は一般化運動量となる[7]。一般化運動量は、系の運動エネルギーを T とすると

---

[7] 一般化座標と一般化運動量ならびに作用変数については､解析力学の教科書､『解析力学』村上、鈴木、小林著（飛翔舎）など を参照いただきたい。

$$p_i = \frac{\partial T}{\partial \dot{q}_i}$$

によって与えられる。ただし、$\dot{q}_i = dq_i/dt$ である。

円運動は 2 次元であるから、直交座標系では

$$\oint \vec{\boldsymbol{p}} \cdot d\vec{\boldsymbol{q}} = \oint (p_x \;\; p_y)\begin{pmatrix} dx \\ dy \end{pmatrix} = \oint p_x dx + \oint p_y dy$$

となる。ただし、円運動の場合には、2 次元極座標のほうが便利である。

このとき、作用変数は

$$\oint \vec{\boldsymbol{p}} \cdot d\vec{\boldsymbol{q}} = \oint (p_r \;\; p_\theta)\begin{pmatrix} dr \\ d\theta \end{pmatrix} = \oint p_r dr + \oint p_\theta d\theta$$

と与えられる。

ここで、解析力学の手法を用いて一般化運動量の p_r と p_θ を求める。運動エネルギーは、電子の質量を m_e、速さを v とすると

$$T = \frac{1}{2} m_e v^2$$

となるが、等速円運動では、動径を r, 角速度を ω とすると $v = r\omega$ となる。また、角速度は

$$\omega = \frac{d\theta}{dt} = \dot{\theta}$$

という関係にあるので $v = r\dot{\theta}$ となり、運動エネルギーは

$$T = \frac{1}{2} m_e v^2 = \frac{1}{2} m_e r^2 \dot{\theta}^2$$

となる。よって、極座標における一般化運動量は

$$p_r = \frac{\partial T}{\partial \dot{r}} = 0 \qquad\qquad p_\theta = \frac{\partial T}{\partial \dot{\theta}} = m_e r^2 \dot{\theta} = m_e r^2 \omega = m_e vr$$

となる。

つぎに、作用変数 J は

$$J = \oint p_\theta d\theta = \int_0^{2\pi} m_e vr d\theta = 2\pi m_e vr$$

と求められる。ここで、角運動量は

$$M = m_e vr$$

であるから、電子の等速円運動においては

$$J = \oint \vec{\boldsymbol{p}} \cdot d\vec{\boldsymbol{q}} = 2\pi M$$

という関係が得られる。ボーアの量子条件は

$$2\pi M = nh$$

であったので、円運動において

$$\oint \vec{\boldsymbol{p}} \cdot d\vec{\boldsymbol{q}} = nh$$

という関係が成立することがわかる。

ゾンマーフェルトはこの関係が、電子が楕円運動をした場合にも、そのまま適用できると提唱したのである。これを**ゾンマーフェルトの量子条件** (Sommerfeld's quantization rule) と呼んでいる。

実は、この拡張は多くの研究者にとって朗報であった。それは、円運動だけでは、水素原子などへの応用が限定されたものとなってしまうからである。

この量子条件は、電子が任意の軌道を周期運動するとき、その作用変数が、プランク定数 h を単位として量子化されることを意味している。このとき、n は量子数となる。

ここで、作用変数は

$$\oint \vec{\boldsymbol{p}} \cdot d\vec{\boldsymbol{q}} = \oint p_1\, dq_1 + \oint p_2\, dq_2 + \ldots + \oint p_n dq_n$$

となるが、それぞれの座標に対応して

$$\oint p_1\, dq_1 = n_1 h\,, \quad \oint p_2\, dq_2 = n_2 h\,, \ldots, \quad \oint p_k\, dq_k = n_k h\,, \ldots$$

のように、ゾンマーフェルトの量子条件が成立すると考える。

水素原子内の電子軌道は3次元であるが、中心力が働いているので、2次元の極座標 (r, θ) を適用すると

$$\oint p_r\, dr = nh\,, \quad \oint p_\theta\, d\theta = lh$$

のような r 方向と θ 方向の量子条件が得られる。

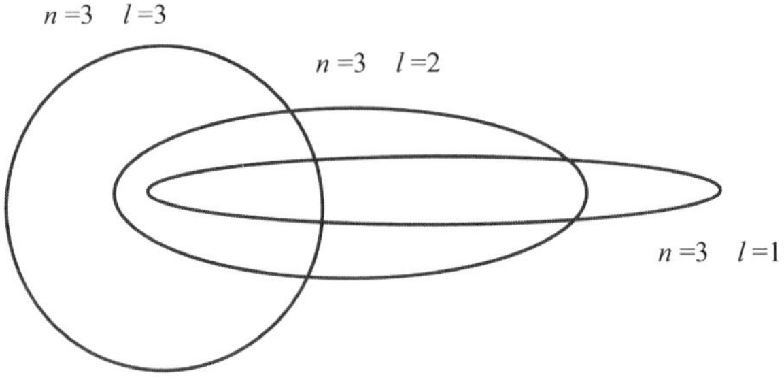

図 A2-5　水素原子のゾンマーフェルトモデル ($n = 3$)

このとき、n を**主量子数** (principal quantum number)、l を**方位量子数** (azimuthal quantum number) と呼んでいる。さらに、l の 1, 2 に対応して、図 A2-5 のような楕円軌道となる。

実は、1892 年に水素の線スペクトルが 1 本ではなく、2 本に分裂することが観察されていた。円軌道では説明のできない現象であり、長い間、謎のままであったが、ゾンマーフェルトによって、同じ量子数の n であっても、もうひとつの量子数である l の異なる電子軌道が存在することがわかり、この謎が解明されたのである。

ところで、実際には、水素原子モデルは 3 次元の極座標で考える必要があり、方位量子数は、天頂角 θ と方位角 ϕ の関数となり、s 軌道、p 軌道、d 軌道が存在することが明らかとなる。

第3章　電子の運動

古典論から量子論へ

ボーアの功績によって、電子が原子内の電子軌道を遷移するときに、そのエネルギー差

$$\Delta E = E_n - E_m$$

に相当する振動数

$$\nu = \frac{\Delta E}{h} = \frac{E_n - E_m}{h}$$

の電磁波が放出されることが明らかとなり、たとえば、水素原子の発光スペクトルがなぜある決まった振動数だけに限られるかという謎が解明されたのである。

さらに、ボーアによって、電子軌道の角運動量

$$M = mvr = pr$$

が量子化されていることが提唱され

$$2\pi M = nh$$

という関係にあることも明らかとなった。よって

$$2\pi pr = nh$$

と変形でき、ド・ブロイの電子が波の性質を有するという着想から

$$2\pi r = n\frac{h}{p} = n\lambda$$

という関係が得られる。これは、定常波として許される軌道周長 $2\pi r$ が電子波の波長 λ の整数倍に限られること示している。

これらは、原子内の構造を解明するうえで大きな成果であったが、電子の運動そのものについては依然不明のままである。そこで、量子論の初期においては、古典論に立脚しながら、それに補正を加えるという手法によって、原子内の電子の運動の解析が行われた。

本章では電子が原子核のまわりを運動するという描像を古典論的な運動方程

式で解析し、そこにボーアの量子条件を加味したら、どうなるかを見てみよう。

3. 1.　円運動と単振動

単純に考えれば、原子内において、電子は原子核の周りを円運動[8]しているものと考えられる。この円運動は x 軸および y 軸から眺めると、古典力学でよく知られた単振動に相当する。つまり、電子の 2 次元の円運動は、1 次元でみれば単振動と等価となる。

何かを始めるときには、簡単なところから手を付けるのが常套手段である。そこで、単振動について簡単に復習してみよう。

古典力学においては、物体の運動は**ニュートンの運動方程式** (Newton's law of motion) :

$$F = m\frac{d^2x}{dt^2}$$

に支配される。ここで、F は物体に作用する**力** (force)、m は物体の**質量** (mass)、x は物体の**変位** (displacement)、t は**時間** (time) である。

ばねにつながれた物体の**単振動** (simple harmonic motion) においては、**ばね定数** (spring constant) を k とすると

$$F = -kx$$

という**復元力** (restoring force) が働く。よって、その微分方程式は

$$F = -kx = m\frac{d^2x}{dt^2}$$

となる。

演習 3-1　つぎの微分方程式を解法せよ。

$$m\frac{d^2x}{dt^2} + kx = 0$$

解)　これは、**定係数の 2 階 1 次線形微分方程式** (linear equation of second order

[8] 中心力場の運動であるから、円だけではなく楕円などの軌道も考えられる。

and first degree with constant coefficient) であり $x=\exp(\lambda t)$ という解を仮定して解法することが可能である。

微分方程式に代入すると

$$m\lambda^2 \exp(\lambda t) + k\exp(\lambda t) = 0$$

となり、**特性方程式** (characteristic equation) は

$$m\lambda^2 + k = 0 \qquad \lambda^2 = -\frac{k}{m}$$

となるが、k も m も正の数であるから

$$\lambda = \pm\sqrt{\frac{k}{m}}\, i$$

のように λ は虚数となる。よって、一般解は

$$x = C_1 \exp\left(i\sqrt{\frac{k}{m}}t\right) + C_2 \exp\left(-i\sqrt{\frac{k}{m}}t\right)$$

と与えられる。

ここで、単振動に対応した円運動の**角振動数** (angular velocity) を ω とすると

$$\omega = \sqrt{\frac{k}{m}}$$

となる。

よって、表記の微分方程式の解は

$$x = C_1 \exp(i\omega t) + C_2 \exp(-i\omega t)$$

となる。

これは、まさに第1章で紹介した時間振動に対応した波の表式である。このように、量子力学ではなくとも、単振動の微分方程式を解くことで、波の表式として、複素指数関数である $\exp(\pm i\omega t)$ が導出できるのである。

ここで、初期条件として $t=0$ のとき $x=0$ という条件を与えると

$$C_1 + C_2 = 0$$

となるので、この単振動は

$$x = C_1\{\exp(i\omega t) - \exp(-i\omega t)\}$$

という式に従うことになる。

オイラーの公式

$$\sin\omega t = \frac{\exp(i\omega t) - \exp(-i\omega t)}{2i}$$

を使うと、この解は

$$x = 2iC_1 \sin\omega t$$

となるが、虚数を含む定数項をまとめて A と置くと

$$x = A\sin\omega t$$

となる。

つまり、単振動のひとつの解はサイン波となる。また、A を正とすれば、振動の幅、つまり振幅となる。

ここで、図 3-1 のように円運動している電子を考えてみよう。y 軸方向の運動を見ると、半径 r を振幅として単振動していることがわかる。この運動は、横軸に時間をとって図示すると

$$y(t) = r\sin\omega t$$

に対応した sin 波となる。

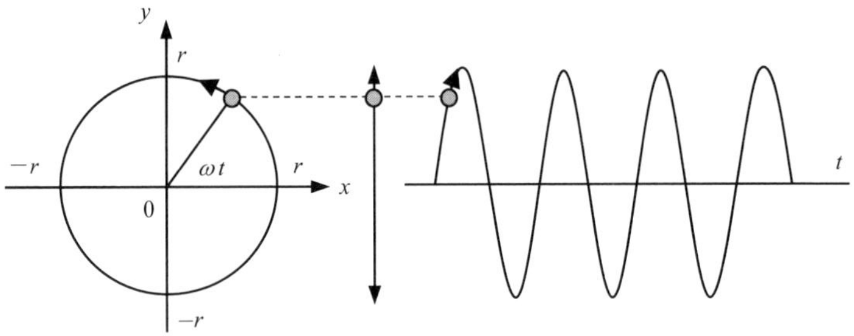

図 3-1　円運動している電子は y 軸方向から眺めると単振動となる。古典論によれば、角振動数 ω で振動している電子からは、ω の整数倍の電磁波が放出される。

一方、x 軸に着目してみると

$$x(t) = r\cos\omega t$$

となり cos 波となるが、これも単振動の微分方程式の特殊解となっている。

原子核のまわりを運動している電子に働く外力は、クーロン引力であり

$$F = -\frac{e^2}{4\pi\varepsilon_0 r^2} \quad \text{[N]}$$

となるが、その大きさは中心に向かって常に一定である。その x, y 成分は

$$F_x = -\frac{e^2}{4\pi\varepsilon_0 r^2}\cos\omega t = -\frac{e^2}{4\pi\varepsilon_0 r^3} r\cos\omega t = -kx$$

$$F_y = -\frac{e^2}{4\pi\varepsilon_0 r^2}\sin\omega t = -\frac{e^2}{4\pi\varepsilon_0 r^3} r\sin\omega t = -ky$$

となる。このとき、ばね定数 k は

$$k = \frac{e^2}{4\pi\varepsilon_0 r^3} \quad \text{[N/m]}$$

となる。ここで、半径 r の軌道を角振動数 ω で等速円運動をしている場合

$$r\exp(i\omega t) \ \ (= re^{i\omega t})$$

と表記すると便利である。

また、単振動に対応した微分方程式は ω を使うと

$$m\frac{d^2x}{dt^2} + kx = 0 \quad \rightarrow \quad \frac{d^2x}{dt^2} + \frac{k}{m}x = 0 \quad \rightarrow \quad \frac{d^2x}{dt^2} + \omega^2 x = 0$$

となる。

y 方向も同様に

$$\frac{d^2y}{dt^2} + \omega^2 y = 0$$

となる。

ここで、振動数 ν と角振動数 ω の間[9]には

$$\omega = 2\pi\nu$$

という関係があるので

$$\exp(i2\pi\nu t) \ \ (= e^{i2\pi\nu t})$$

---

[9] ω のことを角速度 (angular velocity) あるいは角周波数と呼ぶこともある。

と表記することもある。

ここで、光（あるいは電子波）のエネルギーは

$$E = h\nu = \hbar\omega$$

であるから

$$\exp(i2\pi\nu t) = \exp\left(i\frac{2\pi E}{h}t\right)$$

という表記も使う。

さらに、角振動数 ω と $\hbar$ を使って

$$E = h\nu = \left(\frac{h}{2\pi}\right)2\pi\nu = \hbar\omega$$

と表記することも多い。

同様にして、第 1 章でも紹介したように

$$\exp(i\omega t) = \exp\left(i\frac{E}{\hbar}t\right)$$

という表記も使う。

このように、$\exp(i\omega t)$ は量子力学特有のものではなく、単振動を含めて、波に関する微分方程式を解けば、自然に登場する。ただし、このままでは、複素数であるので、物理的実態に対応させるためには、オイラーの公式を使って、sin 波や cos 波として実数解を求めている。

一方、この表記方法が、量子力学の建設に適しており、さらに、量子力学では、虚数の波として対処していくのである。ただし、最後に物理的実態に対応した解を得る際には、オイラーの公式を使って、実数解にするという操作をしている。

3. 2. 古典論による電子の運動解析

簡単化のために、原子核のまわりの電子の運動が等速円運動であると仮定しよう。ただし、電子は、電子波として振る舞うので、円軌道に沿って波として振動するはずであり、その運動も考慮する必要がある。つまり、単純な単振動ではない。円運動に対応した単振動では、振幅は円の半径になるが、電子波では（あくまでもイメージであるが）、円軌道を回りながら、ある振幅で振動している。

そこで、第 n 軌道で運動している電子波を

$$Q(n,k)\exp\{i\omega(n,k)t\}$$

と置いてみる。

ここで k は、電子波の**波数** (wave number) である。アルファベットの k は、これ以降は波数を意味することに注意されたい。

このとき、$\omega(n, k)$ は、第 n 軌道にあり波数 k の電子波の角振動数に対応するが、$Q(n,k)$ は、軌道半径の大きさと電子波の振幅の情報をも含むものとなり、必ずしも単純ではない。

ここで、電子波が安定であるためには、電子軌道の周長が、電子波の波長の整数倍となるから、波数は $k=1, 2, 3, ...$ のように整数となる（図 3-2 参照）。

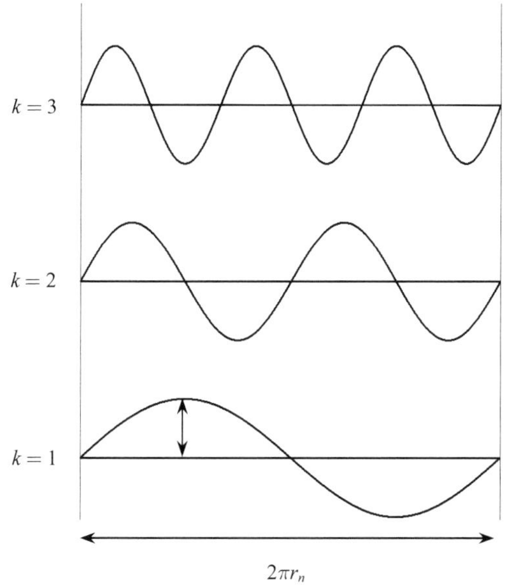

図 3-2　電子の第 n 軌道の周長 $2\pi r_n$ と波数 k の関係。実際には横軸は円周となる。さらに、円軌道では、両端が結合された状態となる。

ここで、第 n 軌道の半径を r_n とすると、波数 k に対応した電子波の波長 λ_k は

$$2\pi r_n = k\lambda_k$$

となる[10]。

ここで、$k=1$ の電子波は、電子軌道の 1 周の長さ $2\pi r_n$ が、ちょうど 1 波長に対応する基本波であり

$$\lambda_1 = 2\pi r_n$$

という関係にある。

このときの角振動数は $\omega(n, 1)$ となり

$$\omega(n, 1) = \frac{2\pi}{\lambda_1}$$

と与えられる。$\omega(n, 1)$ は、第 n 軌道にあり、波数 $k=1$ の電子波の角振動数のことである。また

$$\omega(n, k) = k\,\omega(n, 1)$$

という関係が成立する。

実は、古典論によれば、角振動数 ω で振動している電子からは、その整数倍の $k\omega$ の角振動数の電磁波が放出されることが知られている。いまの結果は、古典的な現象論とも整合性がとれている。

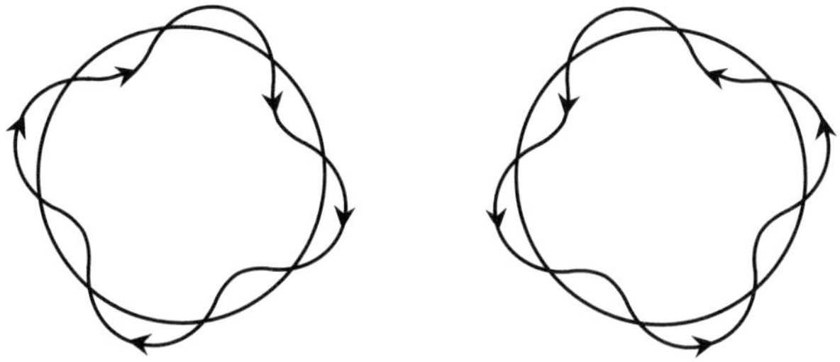

図 3-3 定常状態の電子波の進行方向には、時計回りと反時計回りがある。ここでは $\omega(n, 4)$ と $\omega(n, -4)$ の波を示している。

実は、k は正の整数値だけでなく、負の値をとることも可能であり

$$\omega(n, k) = -\omega(n, -k)$$

10 原子内の電子の第 n 軌道の半径 r_n は第 2 章で導出しているので、参照されたい。

となる。これは、図 3-3 に示したように逆方向へ回転運動している波と考えることができる。

また、k の大きさに制約はないから、$-\infty$ から $+\infty$ までの整数値をとることができる。よって、第 n 軌道にある電子の運動を記述する一般式は

$$q_n(t) = \sum_{k=-\infty}^{+\infty} Q(n,k)\exp\left\{i\omega(n,k)t\right\}$$

のように、種々の角振動数を有する電子波の和となると考えられる。

ここで　$\omega(n,k) = k\omega(n,1)$ という関係にあるので

$$q_n(t) = \sum_{k=-\infty}^{+\infty} Q(n,k)\exp\left\{ik\omega(n,1)t\right\}$$

と書くこともできる。

よって、$\omega=\omega(n,1)$ と置き

$$q = \sum_{k=-\infty}^{+\infty} Q_k \exp(ik\omega t)$$

と表記してみる。すると、複素フーリエ級数とすることができる[11]。もちろん、電子軌道が、ある角振動数 ω を基本とするフーリエ級数になるという確たる証拠があるわけではない。ただし、ある周長に沿った定常波は、ω の整数倍になるはずである。また、フーリエ級数という数学的道具を使うことができるのであれば、複雑な現象を整理することができる。未踏の学問を建設する際には、既知の学問をできるだけ利用するのが常套手段である。

ここで、q が複素フーリエ級数とすると、振幅である $Q(n, k)$ は複素数でも構わないが

$$Q(n,-k) = Q^*(n,k)$$

のように、複素共役の関係になければならない。そして

$$\left|Q(n,k)\right| = \left|Q(n,-k)\right|$$

[11] 実際には、原子内の電子軌道を表現するのに、複素フーリエ級数が使えるような仮定をしたというのが正しい。複素フーリエ級数については第 1 章を参照いただきたい。

という関係が成立する。

さらに、一般の波と同様に考えると、振幅の 2 乗である $\left|Q(n,k)\right|^2$ が波数 k の強度に対応すると考えられる。

ところで、量子力学においては、$Q(n,k)$ は複素数となるのが一般的であるが、電子波の振幅が実数の場合には

$$Q(n,-k) = Q(n,k)$$

となって両者は一致することになる。

図 3-3 に示すように、波数が k と $-k$ は回転方向が異なるだけの相似の波であるから、実数の場合には振幅が同じ大きさになることを意味している。

すでに紹介したように、電子の円運動は、ある方向から眺めると単振動となる。ここで、角振動数 ω で x 軸に沿って振動している単振動の微分方程式を思い出してみよう。それは

$$\frac{d^2x}{dt^2} + \omega^2 x = 0$$

であった。

この位置座標 x に電子波の q をあてはめて、表記の微分方程式に代入し、$Q(n,k)$ や $\omega(n,k)$ が満足すべき条件を探ってみる。

演習 3-2　角振動数 ω の単振動の微分方程式

$$\frac{d^2q}{dt^2} + \omega^2 q = 0$$

に電子波の位置座標に関する式

$$q_n(t) = \sum_{k=-\infty}^{+\infty} Q(n,k)\exp(i\omega(n,k)t)$$

を代入して、表記の微分方程式を満足する際の条件を求めよ。

解）　まず

$$\frac{dq_n(t)}{dt} = \sum_{k=-\infty}^{+\infty} \left\{i\omega(n,k)\right\} Q(n,k)\exp\left\{i\omega(n,k)t\right\}$$

から

$$\frac{d^2 q_n(t)}{dt^2} = -\sum_{k=-\infty}^{+\infty} \{\omega(n,k)\}^2 Q(n,k) \exp\{i\omega(n,k)t\}$$

となる。

表記の微分方程式に代入すると

$$-\sum_{k=-\infty}^{+\infty} \{\omega(n,k)\}^2 Q(n,k) \exp\{i\omega(n,k)t\} + \omega^2 \sum_{k=-\infty}^{+\infty} Q(n,k) \exp\{i\omega(n,k)t\} = 0$$

となる。整理すると

$$\sum_{k=-\infty}^{+\infty} \left[\omega^2 - \{\omega(n,k)\}^2\right] Q(n,k) \exp\{i\omega(n,k)t\} = 0$$

という条件が得られる。

よって、$Q(n, k) \neq 0$ とすれば

$$\omega^2 = \{\omega(n,k)\}^2$$

が条件となる。

つまり

$$\omega(n,k) = \pm\omega$$

となる。このとき

$$\omega(n, -k) = \mp\omega(n,k) = \mp\omega$$

も微分方程式を満足する。

したがって $\omega(n,k) = \omega$ を選べば

$$q_n(t) = Q(n,k) \exp\{i\omega(n,k)t)\} + Q(n,-k) \exp\{i\omega(n,-k)t)\}$$

$$= Q(n,k) \exp(i\omega t) + Q(n,-k) \exp(-i\omega t)$$

が解となる。

これは、図 3-3 に示すように、正方向と逆方向に回転する波があることに対応している。もともと、単振動を仮定して電子波を考えているのであるから、この結果は当たり前という指摘もあるかもしれない。ただし、当時の研究者たちは、手探り状態で、新しい力学の模索を行っていたのである。よって、このような解が得られたことは、ひとつの光明となったのである。

ところで、このままでは、振幅項に対応した $Q(n,k)$ は任意のままである。この項には、電子軌道の半径と、電子波の振幅の両方の情報が含まれているものと予想される。（単振動では半径が振幅となる。）

これを求めるためにはどうすればよいであろうか。ここで、ひとつのヒントが量子条件である。電子波の軌道が安定するためには

$$\oint p\,dq = nh$$

という条件を満足する必要がある。これが使えないだろうか。直感で考えれば、振幅と量子条件には相関がないように思われるかもしれないが、手探り状態の中でのひとつの打開策である。それでは、実際に、計算してみよう[12]。

この積分は、運動量 p の位置 q に関する周回積分であるが、積分変数を、時間項の t に変換する。すると一周するのに要する時間は

$$t = \frac{2\pi}{\omega}$$

となるので、積分範囲は $0 \le t \le 2\pi/\omega$ となる。さらに、電子の質量を m とすると運動量 p は

$$p = mv = m\frac{dq}{dt}$$

であり

$$dq = \frac{dq}{dt}dt$$

であるから

$$\oint p\,dq = \int_0^{2\pi/\omega} m\left(\frac{dq}{dt}\right)^2 dt$$

と変換できる。

[12] 古典力学では困難な電子の運動を記述する量子力学の建設においては、手探り状態で、いろいろな試みを行っていたのである。その中で、意味がないと思われるような計算も数多く試みられている。その中から、多くの発見がなされたのである。

演習 3-3　つぎの電子波の式

$$q_n(t) = Q(n,k)\exp(i\omega t) + Q(n,-k)\exp(-i\omega t)$$

が量子条件 $\oint p\,dq = nh$ を満足するとして $Q(n,k)$ の値を求めよ。

解）　量子条件は

$$\oint p\,dq = \int_0^{2\pi/\omega} m\left(\frac{dq}{dt}\right)^2 dt$$

であるから、$\dfrac{dq_n(t)}{dt}$ を計算すると

$$\frac{dq_n(t)}{dt} = i\omega Q(n,k)\exp(i\omega t) - i\omega Q(n,-k)\exp(-i\omega t)$$

となる。よって

$$\left(\frac{dq_n(t)}{dt}\right)^2 = -\omega^2\{Q(n,k)\}^2\exp(i2\omega t)$$

$$-\omega^2\{Q(n,-k)\}^2\exp(-i2\omega t) + 2\omega^2 Q(n,k)Q(n,-k)$$

となる。上式に代入すると

$$\int_0^{2\pi/\omega} m\left(\frac{dq_n(t)}{dt}\right)^2 dt = -m\omega^2\{Q(n,k)\}^2\int_0^{2\pi/\omega}\exp(i2\omega t)dt$$

$$-m\omega^2\{Q(n,-k)\}^2\int_0^{2\pi/\omega}\exp(-i2\omega t)dt + 2m\omega^2 Q(n,k)Q(n,-k)\int_0^{2\pi/\omega}dt$$

となる。ここで

$$\int_0^{2\pi/\omega}\exp(i2\omega t)\,dt = \int_0^{2\pi}\exp(i2\theta)\frac{d\theta}{\omega} = \frac{1}{\omega}\int_0^{2\pi}\exp(i2\theta)\,d\theta$$

と変形できる。

さらにオイラーの公式を使うと

$$\int_0^{2\pi}\exp(i2\theta)d\theta = \int_0^{2\pi}\cos 2\theta d\theta + i\int_0^{2\pi}\sin 2\theta d\theta = 0$$

となるので第 1 項はゼロとなり、同様にして第 2 項もゼロとなる。結局、求める積分は

$$\int_0^{2\pi/\omega} m\left(\frac{dq_n(t)}{dt}\right)^2 dt = 2m\omega^2 Q(n,k)Q(n,-k)\frac{2\pi}{\omega} = 4\pi m\omega Q(n,k)Q(n,-k)$$

となる。

よって、量子条件から

$$4\pi m\omega Q(n,k)Q(n,-k) = nh$$

となり

$$Q(n,k)Q(n,-k) = \frac{nh}{4\pi m\omega}$$

となる。ここで、振幅項には

$$Q(n,-k) = Q^*(n,k)$$

という関係が成立するから

$$Q(n,k)Q(n,-k) = Q(n,k)Q^*(n,k) = \left|Q(n,k)\right|^2 = \frac{nh}{4\pi m\omega}$$

となって

$$\left|Q(n,k)\right| = \left|Q(n,-k)\right| = \sqrt{\frac{nh}{4\pi m\omega}}$$

となる。

このように、量子条件を適用することで、振幅の大きさを求めることができるのである。この右辺を見ると、この振幅項には、軌道半径の大きさを反映した n が含まれていることもわかる。

結局、第 n 軌道において、角振動数 ω で振動している電子波の式は

$$q_n(t) = \sqrt{\frac{nh}{4\pi m\omega}}\exp(i\omega t) + \sqrt{\frac{nh}{4\pi m\omega}}\exp(-i\omega t)$$

と与えられることになる。

以上のように、電子の運動に関する方程式を、古典的なアプローチである単振動（等速円運動）を基本とし、それにボーアの量子条件を適用することで、原子内の電子の運動を記述できる式を得ることができる。

もちろん、これで、すべてが明らかになったわけではない。また、今後、電子の運動を解析するなかで、本当にこの式でよいかどうかの検証は必要となる。

3.3.　量子論への第一歩

このように、原子内の電子の運動に関する解析のきっかけになる数式を得ることができた。ただし、われわれが検出できるのは、原子から放出される電磁波のスペクトルである。

一方、本来解析したいのは、電子がある軌道を運動しているときの定常状態である。しかし、観測される ω は軌道間の遷移で放出される電磁波であり、n 軌道にある電子が回転運動しているときの角振動数とは直接的には対応しないはずである。

したがって、電子の安定軌道の状態と、軌道間の遷移から得られる情報の関係を明らかにする必要がある。そこで、ここで紹介した解析手法に少し修正を加えてみる。まず

$$q_n(t) = Q(n,k)\exp(i\omega t) + Q(n,-k)\exp(-i\omega t)$$

は、角振動数 ω で第 n 軌道を回転している電子波の式である。

ここで

$$\omega^2 = \left\{ \omega(n,k) \right\}^2$$

を満足すればよかったので、ω が基本角振動数に対応するとして $k=1$ と置こう。

すると

$$q_n(t) = Q(n,1)\exp\left\{i\omega(n,1)t\right\} + Q(n,-1)\exp\left\{i\omega(n,-1)t)\right\}$$

が解となる。

ただし

$$\omega(n,1) = \omega, \qquad \omega(n,-1) = -\omega$$

という関係にある。

このままでは、古典論の範囲であるが、ここで発想を変える。

つまり

$$\omega(n,1) = \omega = \omega(n \to n-1)$$

が第 n 軌道から、すぐ内側の軌道である第 $n-1$ 軌道に電子が遷移するときに放出される電磁波の角振動数に相当すると考えるのである。つまり

$$E = \hbar\omega(n,1) = \hbar\omega$$

というエネルギー差が軌道間にあることになる。

さらに

$$\omega(n,-1) = -\omega = \omega(n \to n+1)$$

とすれば、第 n 軌道から、すぐ外側の軌道である第 $n+1$ 軌道に電子が遷移するときに、吸収される電磁波の角振動数に対応することになる。もちろん、この仮定が正しいかどうかはわからない。まず、いまの仮定では、第 n 軌道と上下にある第 $n-1$ 軌道と第 $n+1$ 軌道間のエネルギー差は、ともに同じ

$$\Delta E = \hbar\omega$$

としているが、一般には成立しない。ただし、n が大きい場合には、よい近似となることがスペクトルの解析から知られていたのである。それよりも、このような仮定をしないと、現象が複雑になって解析が難しくなる。

なにより、この手法であれば、軌道間遷移という実験で得られるデータから、第 n 軌道に存在する電子波を類推することができるようになる。また、同じ電子軌道に、異なる ω の波が混在するということも考えにくい。

そして、このように考えれば

$$q_n(t) = Q(n,1)\exp\left\{i\omega(n,1)t\right\} + Q(n,-1)\exp\left\{i\omega(n,-1)t)\right\}$$

$$= Q(n \to n-1)\exp(i\omega t) + Q(n \to n+1)\exp(-i\omega t)$$

は電子軌道間の遷移を取り入れた電子の運動状態を記述した式と考えることができる。このとき

$$Q(n \to n-1) = \sqrt{\frac{nh}{4\pi m\omega}} = \sqrt{n}\sqrt{\frac{h}{4\pi m\omega}}$$

は、n 軌道から $n-1$ 軌道への電子遷移にともなう発光スペクトルの電磁波の振幅（のようなもの）とみなすことができる。すると

$$\left|Q(n \to n-1)\right|^2 = n\frac{h}{4\pi m\omega}$$

は、この電磁波の強度（のようなもの）となる。

さらに、いまの式に $n = n+1$ を代入してみよう。すると

$$\left|Q(n+1 \to n)\right|^2 = (n+1)\frac{h}{4\pi m\omega}$$

となる。

この結果は、$n+1 \to n$ の軌道遷移にともなって放出される光の強度とみなすことができる。つまり、軌道半径が大きくなると、大きくなる。

ここで、得られた結果を解析力学における作用変数という視点から見てみたいと思う。

3. 4.　位相空間と作用変数

量子条件を与える積分は

$$J = \oint p\, dq$$

となるが、これを**作用変数** (action variable) と呼ぶことは、すでに紹介した。これは、q-p 平面、いわゆる位相空間における周回積分である。これを単振動に当てはめてみよう。

単振動の全エネルギーを E と置くと

$$\frac{p^2}{2m} + \frac{1}{2}kq^2 = E$$

となる。m は質量、k はバネ定数である。

まさつのない単振動では、このエネルギー E が保存され、永久に単振動を繰り返すことになる。これは、原子内の電子軌道を回る電子の運動をある方向から眺めた運動と一致することは、すでに紹介した。

そこで、この式をもとに、作用変数 J を計算してみよう。まず、上記の式の両辺を E で除すと

$$\frac{p^2}{2mE} + \frac{q^2}{2E/k} = 1$$

となる。

これは、図 3-4 に示すように、q-p 平面 における**楕円** (ellipse) となり、それぞれの軸の長さは

$$q = \sqrt{\frac{2E}{k}} \qquad p = \sqrt{2mE}$$

となる。

ここで、単振動の解析にあたって、楕円に沿った時計まわりの回転を考えてみ

る。出発点として

$$(q, p) = \left(\sqrt{\frac{2E}{k}}, 0 \right)$$

を考える。

この点を A とすると、バネがもっとも伸びた状態である。この点から、バネが縮むにしたがって q は減少し、負の方向の p が増えていき、$q=0$ で最も大きな負の運動量

$$p = -\sqrt{2mE}$$

を有する点 B に到達する。

この後、p の大きさが減少し、距離が

$$q = -\sqrt{\frac{2E}{k}}$$

に達した点 C で $p=0$ となる。その後は、正方向の運動となり、単振動を繰り返すことになる。

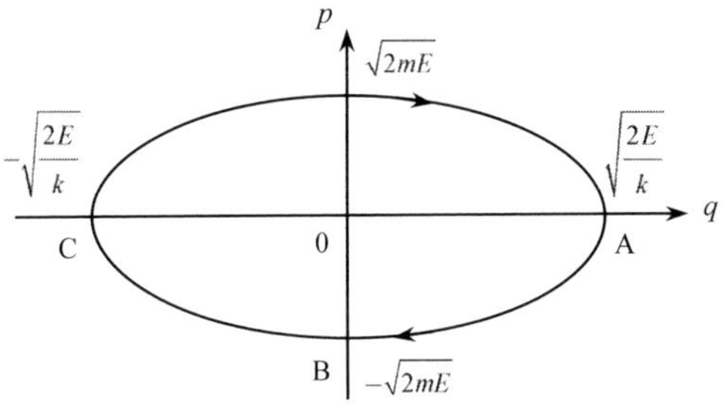

図 3-4　単振動の位相空間（q-p 平面）

このように、まさつのない単振動では、位相平面（q-p 平面）の同じ**楕円軌道** (elliptic orbit) を永遠に動き続けることになる。

解析力学では、位相平面である q-p 平面に描かれた軌道のことを**トラジェクトリー** (trajectory) と呼んでいる。トラジェクトリーとは、もともとは弾道や飛行

物体の航路のことを指し、flight path と同義である。惑星の軌道も trajectory と呼ばれる。

ここで、図 3-4 の単振動に対応した q-p 平面上でのトラジェクトリーとなる楕円の面積を計算してみよう。すると

$$S = \pi pq = \pi\sqrt{2mE}\sqrt{\frac{2E}{k}} = 2\pi\sqrt{\frac{m}{k}}E$$

となる。

右辺の E 以外の変数は m も k も定数であるから、位相空間におけるトラジェクトリーが囲む面積は、その系のエネルギーに比例することになる。

実は、冒頭で示した作用変数の値は、q-p 平面ではトラジェクトリーが囲む面積に相当する。よって

$$J = 2\pi\sqrt{\frac{m}{k}}E$$

となる。単振動においては

$$\omega = \sqrt{\frac{k}{m}}$$

という関係にあり、ω は角振動数となる。

したがって、量子条件は

$$J = \oint p\,dq = 2\pi\frac{E}{\omega} = nh$$

となり、結局、単振動のエネルギー E は

$$E = n\frac{h}{2\pi}\omega = n\hbar\omega$$

と与えられる。

ここで、n は整数であるから、この結果は、量子条件を取り入れた単振動においては、そのエネルギー準位が等間隔の $\hbar\omega$ を単位として上昇していくことを意味している。

つまり、エネルギー準位は

$$E_1 = \hbar\omega,\quad E_2 = 2\hbar\omega,\quad E_3 = 3\hbar\omega, \ldots$$

となることを示しているのである。

さらに

$$q = Q(n,1)\exp(i\omega t) + Q(n,-1)\exp(-i\omega t)$$

とおいて、位相空間の量子条件をもとに、振幅項がどうなるかを求めてみよう。ここでは、実空間の単振動を考えているので振幅は実数とする。すると

$$q = Q(n,1)\exp(i\omega t) + Q(n,1)\exp(-i\omega t) = Q(n,1)\{\exp(i\omega t) + \exp(-i\omega t)\}$$

オイラーの公式

$$\cos\omega t = \frac{\exp(i\omega t) + \exp(-i\omega t)}{2}$$

から

$$q = 2Q(n,1)\cos\omega t$$

となる。

> **演習 3-4** $q = 2Q(n,1)\cos\omega t$ を下記の方程式に代入し、$Q(n, 1)^2$ を求めよ。
>
> $$\frac{p^2}{2m} + \frac{1}{2}kq^2 = E$$

解） まず、質量を m とすると運動量 p は

$$p = m\frac{dq}{dt} = -2m\omega Q(n,1)\sin\omega t$$

である。よって

$$\frac{p^2}{2m} = 2m\omega^2 Q(n,1)^2 \sin^2\omega t$$

となる。つぎに

$$\frac{1}{2}k\,q^2 = 2k\,Q(n,1)^2\cos^2\omega t$$

ここで

$$\omega^2 = \frac{k}{m} \qquad \text{から} \qquad k = m\omega^2$$

となるので

$$\frac{1}{2}k\,q^2 = 2m\omega^2\,Q(n,1)^2\cos^2\omega t$$

となる。よって

$$\frac{p^2}{2m}+\frac{1}{2}kq^2 = 2m\omega^2 Q(n,1)^2 \sin^2 \omega t + 2m\omega^2 Q(n,1)^2 \cos^2 \omega t$$

$$= 2m\omega^2 Q(n,1)^2 = E$$

となる。

ここで、先ほど求めたように単振動では、エネルギーは

$$E = n\hbar\omega = n\frac{h}{2\pi}\omega$$

であったから

$$2m\omega^2 Q(n,1)^2 = n\frac{h}{2\pi}\omega$$

となる。よって振幅は

$$Q(n,1)^2 = n\frac{h}{4\pi m\omega}$$

となる。

これは、まさに、前節で求めた値と一致する。さらに、軌道間遷移という観点からは

$$\left|Q(n \to n-1)\right|^2 = n\frac{h}{4\pi m\omega}$$

となることも説明した。

以上の結果をまとめてみよう。解析力学の手法を使って作用変数 J を計算し、それが nh となるという量子条件を加味すると、単振動のエネルギーは

$$E = n\hbar\omega = nh\nu$$

のように量子化される。

つまり、$\hbar\omega(=h\nu)$ を単位として、その整数倍となる飛び飛びのエネルギー準位が得られるのである。さらに、単振動の位置座標として

$$q = Q(n,1)\exp(i\omega t) + Q(n,-1)\exp(-i\omega t)$$

を考えれば、その振幅の 2 乗は

$$Q(n,1)^2 = n\frac{h}{4\pi m\omega}$$

のように、量子化されることもわかった。さらに、電子軌道にあてはめれば、これは $n \to n-1$ の軌道間遷移に対応する。

実は、以上の結果は、ハイゼンベルクやボルンらが、行列力学の手法を単振動に適用して成功を収めた際の重要な基礎となっているのである。これについては、6 章であらためて紹介する。

第 4 章　行列力学の夜明け

原子内の電子軌道の情報として、われわれが実際に観測できるのは、原子からの発光スペクトルである。そして、原子が発する電磁波は、電子が軌道間を遷移するときにのみ放出される。

とすれば、この発光スペクトルをもとに電子の運動を考えなければならない。古典論では、荷電粒子である電子が回転運動（加速度運動）をすると、電磁波を放出することが知られている。しかし、原子の中では、電子がある軌道を運動している限りは、電磁波は放出されない。これを**定常状態** (stationary state) と呼んでいる。こう考えないと、原子内の電子の運動を説明することができないからである。

そして、電子が軌道間遷移をする際に放出される電磁波に対応した成分が定常状態に含まれていると考える。このように考えれば、遷移にともなって放出される電磁波の情報、すなわち、発光スペクトルのデータをもとに電子の運動を考えることができる。

第 3 章では、原子核をまわる電子の運動が円運動であり、それが、ある方向から見ると、単振動となることをヒントに、フーリエ級数などの手法を駆使しながら、ひとつの電子軌道（第 n 軌道）にある電子波についての考察を行った。

ただし、実際には、原子内には、数多くの電子軌道が存在する。第 n 軌道の n としては 1 から ∞ までの値をとることができる。原子の発光スペクトルを説明するためには、これら軌道間の遷移について、すべて考える必要がある。さらに、複数の遷移が連続して生じることも当然ありうる。

これら複層的な遷移を式で表現しようとすると、かなり煩雑とならざるを得ないことは容易に想像できる。ハイゼンベルクは、その導出に挑戦し、なんとか軌道間遷移を表現できる数式にたどり着くのである。しかし、当然ながら、それらは、ノート何枚にもわたる複雑なものであった。その草稿を読んだボルンは、その複雑さに辟易するが、すぐに、それら数式が、かつて学校で習った**行列** (matrix)

でうまく表現できることに気づくのである。そして、行列演算を駆使し、解析力学の手法を参考にしながら、ハイゼンベルクやヨルダンとともに、量子の世界を表現する新しい量子力学、すなわち行列力学の建設に着手するのである。

4. 1. 電子軌道と遷移

原子から放出される電磁波は、電子の回転運動ではなく、電子がある軌道から、別の軌道へ遷移するときに発生する。このとき、第 n 軌道から第 m 軌道への遷移 $(n > m)$ で放出される電磁波の振動数は

$$\frac{\omega(n \to m)}{2\pi} = \nu(n \to m) = \nu_m - \nu_n = \frac{cR}{m^2} - \frac{cR}{n^2}$$

という関係にある。

本章では、n 軌道から m 軌道への遷移ということがわかりやすいように $n \to m$ という表記を使っている。

よって、創出されるエネルギーは

$$E(n \to m) = \hbar\omega(n \to m) = h\nu(n \to m)$$
$$= -\frac{hcR}{n^2} - \left(-\frac{hcR}{m^2}\right) = \frac{hcR}{m^2} - \frac{hcR}{n^2} = hcR\left(\frac{1}{m^2} - \frac{1}{n^2}\right) \qquad (n > m)$$

と与えられる。

これは軌道間のエネルギー差

$$\Delta E = E_n - E_m = \frac{hcR}{m^2} - \frac{hcR}{n^2} = hcR\left(\frac{1}{m^2} - \frac{1}{n^2}\right) > 0$$

に相当する。

ここで、第 n 軌道から第 m 軌道へ遷移したときに発生する光に対応させて、ハイゼンベルクはつぎのような式を提唱した。

$$Q(n \to m)\exp\left\{i\omega(n \to m)t\right\}$$

の $Q(n \to m)$ は $n \to m$ の軌道遷移にともなって放出される電磁波の振幅に相当する。また

$$\omega(n \to m) = 2\pi\lambda(n \to m)$$

は、第 n 軌道を運動する電子波が、第 m 軌道に遷移する際に放出されるエネルギーの角振動数である。

つまり、この式は、電子軌道間の遷移にともなって放出される電磁波を表現するもので、**遷移成分** (transition element) と呼ばれている。図 4-1 のように、外側の第 n 軌道から、内側の第 m 軌道に電子が遷移する際には

$$E(n \to m) = h\nu(n \to m) = \hbar\omega(n \to m)$$

のエネルギーを有する電磁波が放出される。

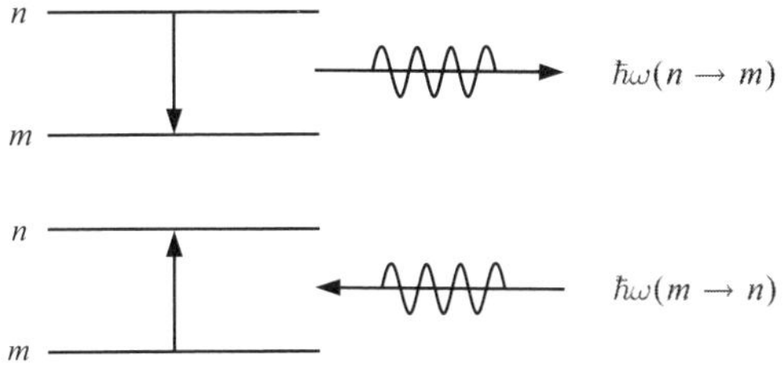

図 4-1　軌道間の遷移と電磁波

逆に電子が内側の第 m 軌道から外側の第 n 軌道に遷移する際には、エネルギーが必要となるので、このエネルギーに相当する電磁波を吸収すると考えられる。よって

$$E(m \to n) = \hbar\omega(m \to n) = -\hbar\omega(n \to m)$$

という関係にあることがわかる。つまり

$$\omega(n \to m) = -\omega(m \to n)$$

となる。

演習 4-1　バルマーの公式

$$\omega(n \to m) = 2\pi\nu(n \to m) = 2\pi cR\left(\frac{1}{m^2} - \frac{1}{n^2}\right)$$

をもとに、$\omega(n \to m) = -\omega(m \to n)$ となることを確かめよ。

解）

$$\omega(m \to n) = 2\pi cR\left(\frac{1}{n^2} - \frac{1}{m^2}\right) = -2\pi cR\left(\frac{1}{m^2} - \frac{1}{n^2}\right) = -\omega(n \to m)$$

となる。

また、整数である m と k が異なる場合には

$$\omega(n \to m) \neq \omega(n \to k)$$

となる。

4. 2. 電子波の関数

さらに、ハイゼンベルクは、つぎのように考えた。第 n 軌道には、いろいろな電子の運動状態がある。そして、成分として $n \to m$ という遷移で放出される遷移成分が第 n 軌道にはあると考えたのである。

このように考えると、第 n 軌道には、この軌道から、他の軌道に遷移するときの成分がすべてつまっていることになる。よって、遷移成分の和

$$\sum_m Q(n \to m)\exp\{i\omega(n \to m)t\}$$

が、第 n 軌道における電子の運動状態を反映したものとハイゼンベルクは考えたのである。これならば、電子軌道間の遷移成分をもとに、第 n 軌道の電子の運動を記述することができる。

ここで、和をとる m については第 1 軌道から∞まで考えられるので、第 n 軌道を運動する電子の式は

$$q_n(t) = \sum_{m=1}^{\infty} Q(n \to m)\exp\{i\omega(n \to m)t\}$$

と与えられることになる。ただし、$1 \leq m < n$ の場合には、発光に対応するが、$m > n$ の場合は、吸光に対応する。そして、$m = n$ に対応した遷移成分は存在しない。このとき $\omega(n \to n) = 0$ となり、遷移のない定常状態と考えられる。ただし、発光スペクトルに、この情報は存在しない。

ここで、電子の速度やエネルギーなどの物理量はすべて位置の関数[13]となるので、この級数和が物理量の基本となる。

ところで、エネルギーを計算するためには、位置 $q_n(t)$ の 2 乗を求める必要がある。すると、この計算は、無限個の成分からなる級数の掛け算であるから、相当大変となる。

このとき、級数の成分が電子軌道間の遷移であることから、ハイゼンベルクは、その掛け算は

$$Q(n \to m)\exp\{i\omega(n \to m)t\}$$

に続くのは

$$Q(m \to k)\exp\{i\omega(m \to k)t\}$$

という項しかないと考えた。これは $n \to m$ の遷移の次に $m \to k$ の遷移が続かなければ物理的意味がないという考えに基づいている。この結果は、$n \to k$ という遷移となる。

したがって、この掛け算は

$$\left[q(t)^2\right]_{n \to k} = \sum_{m=1}^{+\infty} Q(n \to m)\exp\{i\omega(n \to m)t\}Q(m \to k)\exp\{i\omega(m \to k)t\}$$
$$= \sum_{m=1}^{+\infty} Q(n \to m)Q(m \to k)\exp\{i\omega(n \to k)t\}$$

というルールに従うことになる[14]。

ハイゼンベルクから論文原稿を見せられた指導教授の**ボルン** (Max Born) は、遷移課程まで含めた計算があまりにも煩雑なのに辟易する。しかし、すぐに、それが量子力学の建設にとって重要な第一歩であると看破するのである。

そして、その演算ルールが、学生時代にならった**行列** (matrix) の計算そのものであることにも気づくのである。これをきっかけにして**行列力学** (matrix mechanics) が建設されるのである。ここでは、まず、行列について復習してみよ

---

[13] 正確には、遷移成分であり位置に対応してはいないことに注意されたい。本書では、他の物理量との対応から、わかりやすい位置という表現を使っている。
[14] リュードベリ・リッツの結合原理 (Rydberg-Ritz Combination Principle) と呼ばれている。単に、リッツの法則と呼ぶこともある。

う。

4. 3.　行列

行列とは、つぎのように数字をたて横にならべたものである。**行** (row) と**列** (column) の数は任意であるが、ここでは 3 行 3 列の場合を示す。このように、行と列の数が同じ行列を**正方行列** (square matrix) と呼んでいる。

$$\begin{pmatrix} a_{11} & a_{12} & a_{13} \\ a_{21} & a_{22} & a_{23} \\ a_{31} & a_{32} & a_{33} \end{pmatrix}$$

ここで、横の並びが行、たての並びが列となる。通常、**添え字** (index) の数字は、順に行と列の番号に対応させる。たとえば a_{23} は、2 行 3 列目の**成分** (element) ということになる。このとき、行番号に対応した数字 2 のことを**行インデックス** (row index)、列番号に対応した数字 3 のことを**列インデックス** (column index) と呼ぶ。

つぎに行列の演算について復習する。まず足し算や引き算は

$$\begin{pmatrix} a_{11} & a_{12} & a_{13} \\ a_{21} & a_{22} & a_{23} \\ a_{31} & a_{32} & a_{33} \end{pmatrix} \pm \begin{pmatrix} b_{11} & b_{12} & b_{13} \\ b_{21} & b_{22} & b_{23} \\ b_{31} & b_{32} & b_{33} \end{pmatrix} = \begin{pmatrix} a_{11} \pm b_{11} & a_{12} \pm b_{12} & a_{13} \pm b_{13} \\ a_{21} \pm b_{21} & a_{22} \pm b_{22} & a_{23} \pm b_{23} \\ a_{31} \pm b_{31} & a_{32} \pm b_{32} & a_{33} \pm b_{33} \end{pmatrix}$$

のように、各成分ごとに行えばよい。

成分の数が多くなると、いちいち全部を書き出すのは大変であるから、行列全体をひとつの記号で表記する場合もある。たとえば

$$\tilde{\boldsymbol{A}} = \begin{pmatrix} a_{11} & a_{12} & a_{13} \\ a_{21} & a_{22} & a_{23} \\ a_{31} & a_{32} & a_{33} \end{pmatrix}$$

のように太字にして、頭に**チルダ** (tilde) : ~ という記号を付す場合もある。そのまま太字だけで済ます場合もある。まったく普通の変数と同じように表記する場合もある。いずれ、行列ということがわかるように、定義しておけばよい。ただし、単なる変数ではわかりにくいし、太字だけではベクトルと混同してしまう。そこで、本書では、行列ということを明確にするために、太字にして、さらにチルダをつけている。

行列の加法や減法は普通の計算と同じであるが、実は行列の掛け算には特別なルールがある。まず

$$\begin{pmatrix} a_{11} & a_{12} & a_{13} \\ a_{21} & a_{22} & a_{23} \\ a_{31} & a_{32} & a_{33} \end{pmatrix}\begin{pmatrix} b_{11} & b_{12} & b_{13} \\ b_{21} & b_{22} & b_{23} \\ b_{31} & b_{32} & b_{33} \end{pmatrix}$$

のように、行列の掛け算では×は使用せずに省略するのが通例である。

それでは、行列の掛け算を実施してみよう。このとき、 (1,1) 成分は

$$\begin{pmatrix} a_{11} & a_{12} & a_{13} \\ a_{21} & a_{22} & a_{23} \\ a_{31} & a_{32} & a_{33} \end{pmatrix}\begin{pmatrix} b_{11} & b_{12} & b_{13} \\ b_{21} & b_{22} & b_{23} \\ b_{31} & b_{32} & b_{33} \end{pmatrix}$$

のように左の行列の 1 行目の成分と、右の行列の 1 列目の成分で、それぞれ列インデックスと行インデックスが同じ成分どうしをかけて足したものになるという約束である。

これは、ベクトルの内積の計算ルールであり、(1,1) 成分は

$$a_{11}b_{11} + a_{12}b_{21} + a_{13}b_{31}$$

となる。これを和で書けば

$$\sum_{k=1}^{3} a_{1k}b_{k1}$$

となる。よって任意の (m, n) 成分に対しては

$$\sum_{k=1}^{3} a_{mk}\,b_{kn}$$

ということになる。これを

$$\tilde{\boldsymbol{A}}\tilde{\boldsymbol{B}} \qquad \text{と書くと} \qquad (\tilde{\boldsymbol{A}}\tilde{\boldsymbol{B}})_{mn} = \sum_{k=1}^{3} a_{mk}\,b_{kn}$$

となる。ここでは $(\,)_{mn}$ は行列の mn 成分という意味である。

行列で示せば

$$\begin{pmatrix} a_{11} & a_{12} & a_{13} \\ a_{21} & a_{22} & a_{23} \\ a_{31} & a_{32} & a_{33} \end{pmatrix}\begin{pmatrix} b_{11} & b_{12} & b_{13} \\ b_{21} & b_{22} & b_{23} \\ b_{31} & b_{32} & b_{33} \end{pmatrix} = \begin{pmatrix} \sum_k a_{1k}b_{k1} & \sum_k a_{1k}b_{k2} & \sum_k a_{1k}b_{k3} \\ \sum_k a_{2k}b_{k1} & \sum_k a_{2k}b_{k2} & \sum_k a_{2k}b_{k3} \\ \sum_k a_{3k}b_{k1} & \sum_k a_{3k}b_{k2} & \sum_k a_{3k}b_{k3} \end{pmatrix}$$

となる。この関係を利用すると

$$(\tilde{\boldsymbol{B}}\tilde{\boldsymbol{A}})_{mn} = \sum_{k=1}^{3} b_{mk}\, a_{kn}$$

となり、行列の掛け算では順序を変えると、結果がちがったものになることがわかる。たとえば、(1, 1) 成分を示すと

$$(\tilde{\boldsymbol{B}}\tilde{\boldsymbol{A}})_{11} = b_{11}a_{11} + b_{12}a_{21} + b_{13}a_{31} \neq a_{11}b_{11} + a_{12}b_{21} + a_{13}b_{31} = (\tilde{\boldsymbol{A}}\tilde{\boldsymbol{B}})_{11}$$

となって、明らかに値が異なる。このように、行列の掛け算では、一般には**交換法則** (commutative law) が成立しない。

$$\tilde{\boldsymbol{A}}\tilde{\boldsymbol{B}} \neq \tilde{\boldsymbol{B}}\tilde{\boldsymbol{A}}$$

あるいは

$$\tilde{\boldsymbol{A}}\tilde{\boldsymbol{B}} - \tilde{\boldsymbol{B}}\tilde{\boldsymbol{A}} \neq \tilde{\boldsymbol{O}}$$

であることに注意する必要がある。

演習 4-2　つぎの行列の掛け算を計算し交換法則が成立するかどうか確かめよ。

$$\tilde{\boldsymbol{A}} = \begin{pmatrix} 0 & 1 \\ 1 & 0 \end{pmatrix} \qquad \tilde{\boldsymbol{B}} = \begin{pmatrix} 1 & 2 \\ 0 & 1 \end{pmatrix}$$

解）

$$\tilde{\boldsymbol{A}}\tilde{\boldsymbol{B}} = \begin{pmatrix} 0 & 1 \\ 1 & 0 \end{pmatrix}\begin{pmatrix} 1 & 2 \\ 0 & 1 \end{pmatrix} = \begin{pmatrix} 0 & 1 \\ 1 & 2 \end{pmatrix}$$

$$\tilde{\boldsymbol{B}}\tilde{\boldsymbol{A}} = \begin{pmatrix} 1 & 2 \\ 0 & 1 \end{pmatrix}\begin{pmatrix} 0 & 1 \\ 1 & 0 \end{pmatrix} = \begin{pmatrix} 2 & 1 \\ 1 & 0 \end{pmatrix}$$

となって $\tilde{\boldsymbol{A}}\tilde{\boldsymbol{B}} \neq \tilde{\boldsymbol{B}}\tilde{\boldsymbol{A}}$ であるから交換法則は成立しない。

行列どうしの掛け算の順序を変えて差をとったもの

$$[\tilde{\boldsymbol{A}}, \tilde{\boldsymbol{B}}] = \tilde{\boldsymbol{A}}\tilde{\boldsymbol{B}} - \tilde{\boldsymbol{B}}\tilde{\boldsymbol{A}}$$

を**交換子** (commutator) と呼んでいる。

このとき

$$[\tilde{\boldsymbol{A}}, \tilde{\boldsymbol{B}}] = 0$$

ならばふたつの行列は**可換** (commutative) であるという。

また

$$[\tilde{\boldsymbol{A}}, \tilde{\boldsymbol{B}}] \neq 0$$

ならばふたつの行列は**非可換** (non-commutative) であるという。

つぎに、行列に関する微分は

$$\frac{d\tilde{\boldsymbol{A}}}{dt} = \begin{pmatrix} \dfrac{da_{11}}{dt} & \dfrac{da_{12}}{dt} & \dfrac{da_{13}}{dt} \\ \dfrac{da_{21}}{dt} & \dfrac{da_{22}}{dt} & \dfrac{da_{23}}{dt} \\ \dfrac{da_{31}}{dt} & \dfrac{da_{32}}{dt} & \dfrac{da_{33}}{dt} \end{pmatrix}$$

のようにすべての成分に対して、微分演算を行えばよい。積分も同様である。

演習 4-3　つぎの行列を x に関して、微分せよ。

$$\tilde{\boldsymbol{A}} = \begin{pmatrix} x & x + x^2 \\ x^3 & 1 \end{pmatrix}$$

解）　各成分について微分すればよいので

$$\frac{d\tilde{\boldsymbol{A}}}{dx} = \begin{pmatrix} \dfrac{dx}{dx} & \dfrac{d(x+x^2)}{dx} \\ \dfrac{d(x^3)}{dx} & \dfrac{d(1)}{dx} \end{pmatrix} = \begin{pmatrix} 1 & 1+2x \\ 3x^2 & 0 \end{pmatrix}$$

となる。

4. 4.　行列力学

ハイゼンベルクの遷移式の掛け算のルールは、まさに行列の掛け算であり、(n, m) 成分と (m, k) 成分の掛け算の結果得られるのは (n, k) 成分に相当する。つまり

$$\begin{pmatrix} Q(1\to 1)\exp\{i\omega(1\to 1)t\} & Q(1\to 2)\exp\{i\omega(1\to 2)t\} & Q(1\to 3)\exp\{i\omega(1\to 3)t\} & \cdots \\ Q(2\to 1)\exp\{i\omega(2\to 1)t\} & Q(2\to 2)\exp\{i\omega(2\to 2)t\} & & \\ Q(3\to 1)\exp\{i\omega(3\to 1)t\} & Q(3\to 2)\exp\{i\omega(3\to 2)t\} & \ddots & \\ \vdots & \vdots & & \end{pmatrix}$$

という行列を考えて、その掛け算を実施したことになる。このように、表記すると、この行列の各成分は、**遷移成分** (transition component) に対応することになる。たとえば (1, 3) 成分は第 1 軌道から第 3 軌道に電子が遷移するときの遷移成分となる。また、対角成分は、同じ軌道から同じ軌道への遷移であるので、遷移しない状態、つまり**定常状態** (stationary state) に対応する。

このままでも良いが、この行列を一般的な**行インデックス** (row index) と**列インデックス** (column index) の表記に書きなおそう。すると

$$\tilde{\boldsymbol{q}} = \begin{pmatrix} Q_{11}\exp(i\omega_{11}t) & Q_{12}\exp(i\omega_{12}t) & Q_{13}\exp(i\omega_{13}t) & \cdots \\ Q_{21}\exp(i\omega_{21}t) & Q_{22}\exp(i\omega_{22}t) & & \\ Q_{31}\exp(i\omega_{31}t) & Q_{32}\exp(i\omega_{32}t) & \ddots & \\ \vdots & \vdots & & \end{pmatrix}$$

と書くことができる。このとき、Q_{32} という表記は 3 行 2 列の成分に対応する。これが電子の位置に対応した行列、つまり**位置行列** (position matrix) ということになる。

ここで、n 軌道に位置する電子の情報は、n 行にあり

$$Q_{n1}\exp(i\omega_{n1}t),\ Q_{n2}\exp(i\omega_{n2}t),\ Q_{n3}\exp(i\omega_{n3}t), ...$$

となる。

これは、$n\to m$ (m=1, 2. 3, ...) の遷移成分に相当する。

ただし、これだけでは不十分であり n 列の成分の

$$Q_{1n}\exp(i\omega_{1n}t),\ Q_{2n}\exp(i\omega_{2n}t),\ Q_{3n}\exp(i\omega_{3n}t), ...$$

にも n 軌道の情報がある。これは、$m\to n$ (m=1, 2. 3, ...) というように、他の軌道から n 軌道に遷移する成分に相当する。

そのうえで、角振動数は

$$\omega_{mn} = -\omega_{nm}$$

という関係にある。

そして、一般には、振幅項は複素数でもよいが

$$Q_{mn} = Q_{nm}^{*}$$

という複素共役の関係にある。（これは、複素フーリエ級数を前提にしたものであるが、量子力学においても一般的に成立するものである。）

つまり

$$Q_{mn}\exp(i\omega_{mn}t) = Q_{nm}^{*}\exp(-i\omega_{nm}t)$$

という対応関係にある。ただし、振幅が実数の場合には、$Q_{mn}^{*} = Q_{nm}$ となる。

電子の位置が行列で表されるということは、量子の世界の物理量はすべて行列で表現できるということを示している。たとえば、電子の速度に対応した行列は、この行列を時間に関して微分したものであり、加速度は、さらにそれを微分したものとなる。

そして、さらに時間の項も含めて

$$\tilde{\boldsymbol{q}} = \begin{pmatrix} q_{11} & q_{12} & q_{13} & \cdots \\ q_{21} & q_{22} & & \\ q_{31} & q_{32} & \ddots & \\ \vdots & \vdots & & \end{pmatrix}$$

のように表記してもよい。

ただし、各成分は

$$q_{nm} = Q_{nm}\exp(i\omega_{nm}t)$$

であり

$$q_{mn} = q_{nm}^{*}$$

という関係にある。つまり

$$q_{nm} = Q_{nm}\exp(i\omega_{nm}t) = Q_{mn}^{*}\exp(-i\omega_{mn}t) = q_{mn}^{*}$$

となる。

ここで重要なのは、量子の世界を記述する新しい力学では古典力学の位置座標に相当するものが、1個の変数ではなく行列となっている点である。これが**行列力学** (matrix mechanics) と呼ばれる所以である。

ただし、ここで注意すべき点がある。それは、行列はあくまでも数値の並んだ

表ということである。行列から情報を取り出すためには、ベクトルを作用させる必要がある。たとえば

$$\tilde{\boldsymbol{q}} = \begin{pmatrix} q_{11} & q_{12} & q_{13} \\ q_{21} & q_{22} & q_{23} \\ q_{31} & q_{32} & q_{33} \end{pmatrix}$$

という行列があったとき

$$\begin{pmatrix} q_{11} & q_{12} & q_{13} \\ q_{21} & q_{22} & q_{23} \\ q_{31} & q_{32} & q_{33} \end{pmatrix}\begin{pmatrix} 1 \\ 1 \\ 1 \end{pmatrix} = \begin{pmatrix} q_{11}+q_{12}+q_{13} \\ q_{21}+q_{22}+q_{23} \\ q_{31}+q_{32}+q_{33} \end{pmatrix}$$

という操作によって、各行の成分の和からなる 3 行 1 列のベクトルを取り出すことができる。このベクトルにさらに、左から (0 1 0) というベクトルを操作すると

$$\begin{pmatrix} 0 & 1 & 0 \end{pmatrix}\begin{pmatrix} q_{11}+q_{12}+q_{13} \\ q_{21}+q_{22}+q_{23} \\ q_{31}+q_{32}+q_{33} \end{pmatrix} = q_{21}+q_{22}+q_{23}$$

のように、2 行めの成分の和を取り出すことができる。

このように、行列力学では、行列とベクトルの演算によって、必要な情報を取りだす作業が必要となる。実際には、行列の対角化という操作が重要となるが、これについては、後ほど紹介する。

4. 5.　エルミート行列

位置情報が行列で与えられるとすれば、速度、加速度、運動量、エネルギーなどの物理量はすべて位置の関数であるから、量子力学における物理量はすべて行列で表現できることになる。

演習 4-4　位置行列をもとに速度に対応する行列を導出せよ。

解）　速度に対応する行列は、位置行列の各成分を時間 t で微分することによって得られる。したがって

$$\tilde{\boldsymbol{v}} = \begin{pmatrix} v_{11} & v_{12} & v_{13} & \cdots \\ v_{21} & v_{22} & & \\ v_{31} & v_{32} & \ddots & \\ \vdots & \vdots & & \end{pmatrix} = \frac{d\tilde{\boldsymbol{q}}}{dt} = \begin{pmatrix} dq_{11}/dt & dq_{12}/dt & dq_{13}/dt & \cdots \\ dq_{21}/dt & dq_{22}/dt & & \\ dq_{31}/dt & dq_{32}/dt & \ddots & \\ \vdots & \vdots & & \end{pmatrix}$$

$$= \begin{pmatrix} i\omega_{11} Q_{11} \exp(i\omega_{11} t) & i\omega_{12} Q_{12} \exp(i\omega_{12} t) & i\omega_{13} Q_{13} \exp(i\omega_{13} t) & \cdots \\ i\omega_{21} Q_{21} \exp(i\omega_{21} t) & i\omega_{22} Q_{22} \exp(i\omega_{22} t) & & \\ i\omega_{31} Q_{31} \exp(i\omega_{31} t) & i\omega_{32} Q_{32} \exp(i\omega_{32} t) & \ddots & \\ \vdots & \vdots & & \end{pmatrix}$$

と与えられることになる。

ここで、$\omega_{nn}=0$ であるから

$$\tilde{\boldsymbol{v}} = \begin{pmatrix} 0 & i\omega_{12} Q_{12} \exp(i\omega_{12} t) & i\omega_{13} Q_{13} \exp(i\omega_{13} t) & \cdots \\ i\omega_{21} Q_{21} \exp(i\omega_{21} t) & 0 & i\omega_{23} Q_{23} \exp(i\omega_{23} t) & \cdots \\ i\omega_{31} Q_{31} \exp(i\omega_{31} t) & i\omega_{32} Q_{32} \exp(i\omega_{32} t) & 0 & \\ \vdots & \vdots & & \ddots \end{pmatrix}$$

となる。

演習で得られた結果からわかるように、速度に対応した行列では対角成分がすべてゼロとなる。これは少し考えれば当たり前で、位置に対応した行列の対角成分は時間に依存しないので、その時間微分はゼロとなるからである。加速度や運動量も同様である。

ここで、これら量子力学の物理量に対応した行列にはいくつか特徴があるので、それをまとめておく。まず、これら行列の成分は基本的には複素数であるが、対角成分は必ず実数になる。これは、行列の成分は複素数でも構わないが、物理量として得られる級数和が実数でなければならないという制約による。

たとえば、位置に対応した行列を例にとると $\omega_{nn}=0$ であるから

$$\exp(i\omega_{nn} t) = \exp 0 = 1$$

となるので

$$\tilde{\boldsymbol{q}} = \begin{pmatrix} Q_{11} & Q_{12} \exp(i\omega_{12} t) & Q_{13} \exp(i\omega_{13} t) & \cdots \\ Q_{21} \exp(i\omega_{21} t) & Q_{22} & Q_{23} \exp(i\omega_{23} t) & \cdots \\ Q_{31} \exp(i\omega_{31} t) & Q_{32} \exp(i\omega_{32} t) & Q_{33} & \\ \vdots & \vdots & & \ddots \end{pmatrix}$$

となる。

また、すでに紹介したように

$$q_{mn} = q_{nm}{}^{*}$$

のように、(*m*, *n*) 成分は (*n*, *m*) 成分の複素共役になっている。今の位置に対応した行列では

$$Q_{21}\exp(i\omega_{21}t) = Q_{12}{}^{*}\exp(-i\omega_{12}t)$$

という対応関係になっている。

これを考慮すると、位置に対応した行列は

$$\tilde{\boldsymbol{q}} = \begin{pmatrix} Q_{11} & Q_{12}(\exp i\omega_{12}t) & Q_{13}\exp(i\omega_{13}t) & \cdots \\ Q_{12}{}^{*}\exp(-i\omega_{12}t) & Q_{22} & Q_{23}\exp(i\omega_{23}t) & \cdots \\ Q_{13}{}^{*}\exp(-i\omega_{13}t) & Q_{23}{}^{*}\exp(-i\omega_{23}t) & Q_{33} & \\ \vdots & \vdots & & \ddots \end{pmatrix}$$

となる。ここで、この行列を**転置** (transpose) してみよう。転置とは行と列を入れ替える操作である。すると、位置行列の**転置行列** (transposed matrix) は

$${}^{t}\tilde{\boldsymbol{q}} = \begin{pmatrix} Q_{11} & Q_{12}{}^{*}\exp(-i\omega_{12}t) & Q_{13}{}^{*}\exp(-i\omega_{13}t) & \cdots \\ Q_{12}\exp(i\omega_{12}t) & Q_{22} & Q_{23}{}^{*}\exp(-i\omega_{23}t) & \cdots \\ Q_{13}\exp(i\omega_{13}t) & Q_{23}\exp(i\omega_{23}t) & Q_{33} & \\ \vdots & \vdots & & \ddots \end{pmatrix}$$

となる。さらに、この行列の**複素共役** (complex conjugate) をとると

$${}^{t}\tilde{\boldsymbol{q}}^{*} = \begin{pmatrix} Q_{11} & Q_{12}(\exp i\omega_{12}t) & Q_{13}\exp(i\omega_{13}t) & \cdots \\ Q_{12}{}^{*}\exp(-i\omega_{12}t) & Q_{22} & Q_{23}\exp(i\omega_{23}t) & \cdots \\ Q_{13}{}^{*}\exp(-i\omega_{13}t) & Q_{23}{}^{*}\exp(-i\omega_{23}t) & Q_{33} & \\ \vdots & \vdots & & \ddots \end{pmatrix}$$

となる。このように、転置して、さらに複素共役をとった行列を**随伴行列** (adjoint) と呼ぶ。

よく見ると、位置行列の随伴行列はもとの行列と一致することがわかる。このように、随伴行列がもとの行列と一致する複素数を成分とする行列を専門的には**エルミート行列** (Hermitian matrix) と呼んでいる。実は、このような性質を有する行列を研究していた**エルミート** (Charles Hermite) というフランスの数学者にちなんで、この名がついたのである。

ここで、転置および複素共役を

$$ {}^t\tilde{\boldsymbol{A}} \qquad \tilde{\boldsymbol{A}}^* $$

という記号で示すのが通例である。すると、随伴行列は

$$ {}^t\tilde{\boldsymbol{A}}^* $$

となる。（ここで、t は英語で転置の意：transpose に由来する。）よって、エルミート行列となる条件は

$$ {}^t\tilde{\boldsymbol{A}}^* = \tilde{\boldsymbol{A}} \quad \text{あるいは} \quad {}^t\tilde{\boldsymbol{A}} = \tilde{\boldsymbol{A}}^* $$

と与えられることになる。

量子力学における位置行列がエルミート行列ということは、それからつくられる物理量に対応した行列はすべてエルミート行列ということになる。

演習 4-5　速度行列 $\tilde{\boldsymbol{v}}$ がエルミート性を有することを確認せよ。

解）　速度行列は、位置行列を t で微分することで得られる。

よって

$$ \tilde{\boldsymbol{v}} = \frac{d\tilde{\boldsymbol{q}}}{dt} = \begin{pmatrix} 0 & i\omega_{12} Q_{12} \exp(i\omega_{12} t) & i\omega_{13} Q_{13} \exp(i\omega_{13} t) & \cdots \\ -i\omega_{12} Q_{12}{}^* \exp(-i\omega_{12} t) & 0 & i\omega_{23} Q_{23} \exp(i\omega_{23} t) & \cdots \\ -i\omega_{13} Q_{13}{}^* \exp(-i\omega_{13} t) & -i\omega_{23} Q_{23}{}^* \exp(-i\omega_{23} t) & 0 & \\ \vdots & \vdots & & \ddots \end{pmatrix} $$

となる。ここで、速度行列 $\tilde{\boldsymbol{v}}$ の転置行列は

$$ {}^t\tilde{\boldsymbol{v}} = \begin{pmatrix} 0 & -i\omega_{12} Q_{12}{}^* \exp(-i\omega_{12} t) & -i\omega_{13} Q_{13}{}^* \exp(-i\omega_{13} t) & \cdots \\ i\omega_{12} Q_{12} \exp(i\omega_{12} t) & 0 & -i\omega_{23} Q_{23}{}^* \exp(-i\omega_{23} t) & \cdots \\ i\omega_{13} Q_{13} \exp(i\omega_{13} t) & i\omega_{23} Q_{23} \exp(i\omega_{23} t) & 0 & \\ \vdots & \vdots & & \ddots \end{pmatrix} $$

となる。一方、行列 $\tilde{\boldsymbol{v}}$ の複素共役は

$$ \tilde{\boldsymbol{v}}^* = \begin{pmatrix} 0 & -i\omega_{12} Q_{12}{}^* \exp(-i\omega_{12} t) & -i\omega_{13} Q_{13}{}^* \exp(-i\omega_{13} t) & \cdots \\ i\omega_{12} Q_{12} \exp(i\omega_{12} t) & 0 & -i\omega_{23} Q_{23}{}^* \exp(-i\omega_{23} t) & \cdots \\ i\omega_{13} Q_{13} \exp(i\omega_{13} t) & i\omega_{23} Q_{23} \exp(i\omega_{23} t) & 0 & \\ \vdots & \vdots & & \ddots \end{pmatrix} $$

となる。

したがって

$$ {}^t\tilde{\boldsymbol{v}} = \tilde{\boldsymbol{v}}^* $$

が成立するので、速度行列 $\tilde{\boldsymbol{v}}$ がエルミート行列であることがわかる。

以下同様にして、他の物理量に対応した行列もすべてエルミート行列であることが確かめられる。

4. 6.　量子条件

行列力学について詳しい話をする前に、その誕生のきっかけとなったもうひとつの重要な事項について解説しておく。それは、量子条件を行列で表示するものである。

ここで、ゾンマーフェルトの量子条件は

$$ \oint p\,dq = nh $$

であった。

この積分は、q-p 平面（位相空間）における周回積分であり、解析力学で作用変数と呼ばれているものである。この積分において、積分変数を q から t に変えると、周回するのに要する時間が $2\pi/\omega$ となるので、積分範囲は 0 から $2\pi/\omega$ となり

$$ \oint p\,dq = \int_0^{2\pi/\omega} p\left(\frac{dq}{dt}\right) dt $$

となる。

本章では、電子軌道の位置座標 q に相当するものとして

$$ q_{nm} = Q_{nm} \exp(i\omega_{nm} t) $$

という行列の成分を採用した。これは、いわば、軌道間遷移にともなう遷移成分である。

ハイゼンベルクは、量子条件を求めるために、この q に相当するものとして

$$ q(n,\tau) = Q(n,\tau)\exp(i\tau\omega t) $$

という式を導入した。

ここで、τ は整数であり、ω は軌道間遷移にともなって放出される電磁波の基本角周波数である。そして (n,τ) は

$$n \rightarrow n-\tau$$

の軌道間遷移に対応している。たとえば

$$q(n,1) = Q(n,1)\exp(i\omega t) \qquad q(n,2) = Q(n,2)\exp(i2\omega t)$$

となり、それぞれ

$$n \rightarrow n-1 \qquad n \rightarrow n-2$$

という軌道遷移に対応する。

さらに、ハイゼンベルクは軌道間のエネルギー差は、常に $\hbar\omega$ と一定という仮定をしている。もちろん、この仮定は一般には成立しない。水素原子の発光スペクトルのデータからも明らかである。

しかし、このような仮定をしないと、フーリエ級数を利用することができない。ハイゼンベルクは、n が十分大きな軌道では、軌道幅が狭くなるので、このように仮定できるとしている。ただし、かなり無理な仮定であることは確かである。

τ としては負の値をとることもでき

$$q(n,-\tau) = Q(n,-\tau)\exp(-i\tau\omega t)$$

となる。このとき

$$q(n,-1) = Q(n,-1)\exp(-i\omega t) \qquad q(n,-2) = Q(n,-2)\exp(-i2\omega t)$$

となり、それぞれ

$$n \rightarrow n+1 \qquad n \rightarrow n+2$$

という軌道遷移に対応する。

より大きな軌道への遷移となるので、エネルギーを吸収するので $-\omega$ となる。したがって、n 軌道をまとめると

$$q_n = \sum_{\tau=-\infty}^{+\infty} Q(n,\tau)\exp(i\tau\omega t)$$

という和となる。これは、まさに複素フーリエ級数である。

このとき、第3章で紹介したように

$$Q(n,-\tau) = Q^*(n,\tau)$$

のような複素共役の関係にある。

ここで、上記の q_n を t で微分すると

$$\frac{dq_n}{dt} = i\omega \sum_{\tau=-\infty}^{+\infty} \tau\, Q(n,\tau)\exp(i\tau\omega t)$$

となる。さらに、運動量も同様に

$$p_n = \sum_{\tau=-\infty}^{+\infty} P(n,\tau)\exp(i\tau\omega t)$$

と置き、量子条件

$$\int_0^{2\pi/\omega} p\left(\frac{dq}{dt}\right)dt$$

を計算してみよう。

この計算の際には、それぞれの τ は区別して

$$p = P(n,\tau)\exp(i\tau\omega t) \qquad \frac{dq}{dt} = i\omega\tau' Q(n,\tau')\exp(i\tau'\omega t)$$

として積をとる必要がある。これは、互いに τ の異なる成分どうしの積も計算する必要があるからである。

よって、被積分項の成分は

$$p\frac{dq}{dt} = i\omega\tau' P(n,\tau)Q(n,\tau')\exp\{(i(\tau+\tau')\omega t)\}$$

となり、τ, τ' それぞれ $-\infty$ から $+\infty$ までの和をとることになる。

$$p\frac{dq}{dt} = i\omega\sum_{\tau=-\infty}^{+\infty}\sum_{\tau'=-\infty}^{+\infty}\tau' P(n,\tau)\,Q(n,\tau')\exp\{(i(\tau+\tau')\omega t)\}$$

ただし

$$\int_0^{2\pi/\omega}\exp\{i(\tau+\tau')\omega t\}dt$$

という項が 0 とならないのは、τ, τ' は整数なので

$$\tau+\tau' = 0$$

の場合のみであるので

$$\tau' = -\tau$$

となる。よって、積分に寄与する項は

$$p\frac{dq}{dt} = i\omega\tau' P(n,\tau)Q(n,\tau') = -i\omega\tau P(n,\tau)Q(n,-\tau)$$

$$= -i\omega\tau P(n,\tau)\,Q^*(n,\tau)$$

となる。

結局

$$\int_0^{2\pi/\omega} p\left(\frac{dq}{dt}\right)dt = \left[-i\omega\tau P(n,\tau)\, Q^*(n,\tau)t\right]_0^{2\pi/\omega} = -2\pi i\tau P(n,\tau) Q^*(n,\tau)$$

となる。ただし、右辺は実際には、τ に関する和となる。

よって、量子条件は

$$-2\pi i \sum_{\tau=-\infty}^{+\infty} \tau P(n,\tau) Q^*(n,\tau) = nh$$

と与えられることになる。あるいは

$$-\sum_{\tau=-\infty}^{+\infty} \tau P(n,\tau) Q^*(n,\tau) = n\frac{h}{2\pi i}$$

とまとめられる。

ここで、ハイゼンベルクは、この式から、n と τ を消すことを考えた（と思われる）。そして、本来 n は軌道番号であるから離散的であるが、n が大きい場合には、n は連続とみなせるとして、両辺をなんと n で微分したのである。

すると

$$-\sum_{\tau=-\infty}^{+\infty} \tau \frac{\partial}{\partial n}\left[P(n,\tau)\, Q^*(n,\tau)\right] = \frac{h}{2\pi i}$$

となって右辺の n がとれる。

さらに、左辺の微分に関しては、差分を適用したのである。これも大胆な操作ではあるが、この差分によって τ が消えることになる。その準備のために

$$P(n,\tau) \to P(n; n-\tau)$$

と表記法を変えておく。この式は、軌道が $n \to n-\tau$ への遷移ということを明確にしたものである。そのうえで、差分として、τ の幅を考え

$$n+\tau \to n \quad と \qquad n \to n-\tau$$

の遷移の差とするのである。もちろん、τ は整数であるので、微分とみなすには $\tau << n$ という条件が必要である。しかし、ここは強引に押し進めていくことにする。すると

$$\frac{\partial}{\partial n}\left[P(n,\tau)\, Q^*(n,\tau)\right] = \frac{\partial}{\partial n}\left[P(n; n-\tau)\, Q^*(n; n-\tau)\right]$$

$$= \frac{P(n+\tau;n)\,Q^*(n+\tau;n) - P(n;n-\tau)\,Q^*(n;n-\tau)}{\tau}$$

となる。すると

$$\tau \frac{\partial}{\partial n}\left[P(n,\tau)\,Q^*(n,\tau)\right] = P(n+\tau;n)\,Q^*(n+\tau;n) - P(n;n-\tau)\,Q^*(n;n-\tau)$$

と変形できる。この操作で τ を消すことができる。

ここで、複素共役を思い出すと

$$Q^*(n+\tau;n) = Q(n;n+\tau) \qquad Q^*(n;n-\tau) = Q(n-\tau;n)$$

という関係にあるから

$$\tau \frac{\partial}{\partial n}\left[P(n,\tau)Q^*(n,\tau)\right] = P(n+\tau;n)Q(n;n+\tau) - P(n;n-\tau)Q(n-\tau;n)$$

となる。

実際の量子条件に入れるには、τ に関する和をとる必要があり

$$\sum_{\tau=-\infty}^{+\infty} P(n+\tau;n)Q(n;n+\tau) - \sum_{\tau=-\infty}^{+\infty} P(n;n-\tau)Q(n-\tau;n)$$

となる。

よって

$$\sum_{\tau=-\infty}^{+\infty} P(n+\tau;n)Q(n;n+\tau) - \sum_{\tau=-\infty}^{+\infty} P(n;n-\tau)Q(n-\tau;n) = -\frac{h}{2\pi i}$$

から、左辺の項の順序を入れ換えると

$$\sum_{\tau=-\infty}^{+\infty} P(n;n-\tau)Q(n-\tau;n) - \sum_{\tau=-\infty}^{+\infty} P(n+\tau;n)Q(n;n+\tau) = \frac{h}{2\pi i}$$

となる。これが量子条件である。

ここで、最初の級数において $\tau = -\tau$ と置こう。この場合でも、τ の和の範囲は $-\infty$ から $+\infty$ と変わらない。すると

$$\sum_{\tau=-\infty}^{+\infty} P(n;n+\tau)Q(n+\tau;n) - \sum_{\tau=-\infty}^{+\infty} P(n+\tau;n)Q(n;n+\tau) = \frac{h}{2\pi i}$$

となる。ここで、あらためて

$$m = n + \tau$$

と置き、$n \to n+\tau$ を $n \to m$ として、行列における行ならびに列インデックスを使うと、上記の量子条件は

$$\sum_{m=1}^{+\infty} P_{nm} Q_{mn} - \sum_{m=1}^{+\infty} P_{mn} Q_{nm} = \frac{h}{2\pi i}$$

となる。

さらに、2 項目の積の順序を変えると

$$\sum_{m=1}^{+\infty} (P_{nm} Q_{mn} - Q_{nm} P_{mn}) = \frac{h}{2\pi i}$$

という条件が得られる。

この結果を行列という観点で眺めてみよう。いま、運動量および位置の振幅項で行列をつくると

$$\tilde{\boldsymbol{P}} = \begin{pmatrix} P_{11} & P_{12} & P_{13} & \cdots \\ P_{21} & P_{22} & & \\ P_{31} & P_{32} & \ddots & \\ \vdots & \vdots & & \end{pmatrix} \qquad \tilde{\boldsymbol{Q}} = \begin{pmatrix} Q_{11} & Q_{12} & Q_{13} & \cdots \\ Q_{21} & Q_{22} & & \\ Q_{31} & Q_{32} & \ddots & \\ \vdots & \vdots & & \end{pmatrix}$$

となるが、いま求めた関係は、これら行列の積の対角成分 つまり (n, n) 成分が

$$\left[\tilde{\boldsymbol{P}}\tilde{\boldsymbol{Q}}\right]_{nn} - \left[\tilde{\boldsymbol{Q}}\tilde{\boldsymbol{P}}\right]_{nn} = \frac{h}{2\pi i}$$

となっていることを意味しているのである。

4. 7.　正準交換関係の導出

このままでは、対角成分だけの情報しかないが、ボルンはつぎのような結果が得られるものと予想を立てた。それは

$$\tilde{\boldsymbol{P}}\tilde{\boldsymbol{Q}} - \tilde{\boldsymbol{Q}}\tilde{\boldsymbol{P}} = \frac{h}{2\pi i}\tilde{\boldsymbol{E}}$$

という関係である。

この左辺は、まさに交換子であり

$$\tilde{\boldsymbol{P}}\tilde{\boldsymbol{Q}}-\tilde{\boldsymbol{Q}}\tilde{\boldsymbol{P}}=\left[\tilde{\boldsymbol{P}},\ \tilde{\boldsymbol{Q}}\right]$$

となっている。

また、$\tilde{\boldsymbol{E}}$ は**単位行列** (unit matrix) で

$$\tilde{\boldsymbol{E}}=\begin{pmatrix} 1 & 0 & 0 & \cdots \\ 0 & 1 & 0 & \cdots \\ 0 & 0 & 1 & \\ \vdots & \vdots & & \ddots \end{pmatrix}$$

のように、対角成分がすべて 1 で、非対角成分がすべて 0 の行列である。この行列を他の行列に作用させても、変化がない。よって、単位行列と呼んでいる。

よって

$$\tilde{\boldsymbol{P}}\tilde{\boldsymbol{Q}}-\tilde{\boldsymbol{Q}}\tilde{\boldsymbol{P}}=\frac{h}{2\pi i}\tilde{\boldsymbol{E}}=\begin{pmatrix} h/2\pi i & 0 & 0 & \cdots \\ 0 & h/2\pi i & 0 & \cdots \\ 0 & 0 & h/2\pi i & \\ \vdots & \vdots & & \ddots \end{pmatrix}$$

となる。

つまり、ボルンの予想は

$$\tilde{\boldsymbol{P}}\tilde{\boldsymbol{Q}}-\tilde{\boldsymbol{Q}}\tilde{\boldsymbol{P}}=\left[\tilde{\boldsymbol{P}},\ \tilde{\boldsymbol{Q}}\right]$$

という計算をすると、その**非対角成分** (non-diagonal element) はすべて 0 になり、対角成分が $h/2\pi i$ になるというものであった。

演習 4-6 以下の位置ならびに運動量行列

$$\tilde{\boldsymbol{q}}=\begin{pmatrix} q_{11} & q_{12} & \cdots \\ q_{21} & q_{22} & \\ \vdots & & \ddots \end{pmatrix}=\begin{pmatrix} Q_{11}\exp(i\omega_{11}t) & Q_{12}\exp(i\omega_{12}t) & \cdots \\ Q_{21}\exp(i\omega_{21}t) & Q_{22}\exp(i\omega_{22}t) & \\ \vdots & & \ddots \end{pmatrix}$$

$$\tilde{\boldsymbol{p}}=\begin{pmatrix} p_{11} & p_{12} & \cdots \\ p_{21} & p_{22} & \\ \vdots & & \ddots \end{pmatrix}=\begin{pmatrix} P_{11}\exp(i\omega_{11}t) & P_{12}\exp(i\omega_{12}t) & \cdots \\ P_{21}\exp(i\omega_{21}t) & P_{22}\exp(i\omega_{22}t) & \\ \vdots & & \ddots \end{pmatrix}$$

からなる行列

$$\left[\tilde{\boldsymbol{p}},\tilde{\boldsymbol{q}}\right]=\tilde{\boldsymbol{p}}\tilde{\boldsymbol{q}}-\tilde{\boldsymbol{q}}\tilde{\boldsymbol{p}}$$

の対角成分を計算せよ。

解）　対角成分は

$$[\tilde{\boldsymbol{p}}, \tilde{\boldsymbol{q}}]_{nn} = \sum_k p_{nk} q_{kn} - \sum_k q_{nk} p_{kn}$$

と与えられる。よって

$$[\tilde{\boldsymbol{p}}, \tilde{\boldsymbol{q}}]_{nn} = \sum_k P_{nk} \exp(i\omega_{nk}t) Q_{kn} \exp(i\omega_{kn}t) - \sum_k Q_{nk} \exp(i\omega_{nk}t) P_{kn} \exp(i\omega_{kn}t)$$

$$= \sum_k P_{nk} Q_{kn} \exp\{i(\omega_{nk} + \omega_{kn})t\} - \sum_k Q_{nk} P_{kn} \exp\{i(\omega_{nk} + \omega_{kn})t\}$$

$$= \sum_k P_{nk} Q_{kn} \exp(i\omega_{nn}t) - \sum_k Q_{nk} P_{kn} \exp(i\omega_{nn}t)$$

ここで $\omega_{nn} = 0$ であるから

$$[\tilde{\boldsymbol{p}}, \tilde{\boldsymbol{q}}]_{nn} = \sum_k P_{nk} Q_{kn} - \sum_k Q_{nk} P_{kn} = \frac{h}{2\pi i}$$

となる。

この結果を見ると

$$\sum_k P_{nk} Q_{kn} - \sum_k Q_{nk} P_{kn} = \frac{h}{2\pi i}$$

となっており

$$[\tilde{\boldsymbol{P}}, \tilde{\boldsymbol{Q}}]_{nn} = \frac{h}{2\pi i}$$

となることがわかる。つまり、いずれの場合にも、対角成分はすべて $h/2\pi i$ となる。しかし、あくまでも対角成分の話である。

一方、ボルンの予想では

$$[\tilde{\boldsymbol{P}}, \tilde{\boldsymbol{Q}}] = \tilde{\boldsymbol{P}}\tilde{\boldsymbol{Q}} - \tilde{\boldsymbol{Q}}\tilde{\boldsymbol{P}}$$

であり、非対角成分は、すべて 0 になるというものであった。

ボルンは自分で、この予想を証明しようと思ったが断念した。そして、弟子の**ヨルダン** (Pacual Jordan) に託したのである。

それでは、ヨルダンの行った証明を見てみよう。まず、つぎの単振動の微分方程式を考えてみよう。

$$\frac{d^2 q}{dt^2} + \omega^2 q = 0$$

この式の q に、行列 $\tilde{\boldsymbol{q}}$ を代入してみる。

すると

$$\frac{d^2 \tilde{\boldsymbol{q}}}{dt^2} + \omega^2 \tilde{\boldsymbol{q}} = \tilde{\boldsymbol{O}}$$

となる。ただし、右辺の $\tilde{\boldsymbol{O}}$ は**ゼロ行列** (zero matrix) で、すべての成分が 0 の行列である。

ここで、この両辺に左から行列 $\tilde{\boldsymbol{q}}$ をかけてみよう。すると

$$\tilde{\boldsymbol{q}} \frac{d^2 \tilde{\boldsymbol{q}}}{dt^2} + \tilde{\boldsymbol{q}} \omega^2 \tilde{\boldsymbol{q}} = \tilde{\boldsymbol{O}} \qquad \tilde{\boldsymbol{q}} \frac{d^2 \tilde{\boldsymbol{q}}}{dt^2} + \omega^2 \tilde{\boldsymbol{q}} \tilde{\boldsymbol{q}} = \tilde{\boldsymbol{O}}$$

となる。ここで、単振動においては

$$\omega^2 \tilde{\boldsymbol{q}} = -\frac{d^2 \tilde{\boldsymbol{q}}}{dt^2}$$

であるから

$$\tilde{\boldsymbol{q}} \frac{d^2 \tilde{\boldsymbol{q}}}{dt^2} - \frac{d^2 \tilde{\boldsymbol{q}}}{dt^2} \tilde{\boldsymbol{q}} = \tilde{\boldsymbol{O}}$$

という関係が得られる。あるいは

$$\tilde{\boldsymbol{q}} \frac{d^2 \tilde{\boldsymbol{q}}}{dt^2} = \frac{d^2 \tilde{\boldsymbol{q}}}{dt^2} \tilde{\boldsymbol{q}}$$

となって、行列 $\tilde{\boldsymbol{q}}$ と行列 $\dfrac{d^2 \tilde{\boldsymbol{q}}}{dt^2}$ が交換可能であること示している。

演習 4-7 $\tilde{\boldsymbol{p}} = m \dfrac{d\tilde{\boldsymbol{q}}}{dt}$ とすれば

$$\tilde{\boldsymbol{p}} \tilde{\boldsymbol{q}} - \tilde{\boldsymbol{q}} \tilde{\boldsymbol{p}} = m \frac{d\tilde{\boldsymbol{q}}}{dt} \tilde{\boldsymbol{q}} - m \tilde{\boldsymbol{q}} \frac{d\tilde{\boldsymbol{q}}}{dt}$$

となるが、この時間に関する微分を計算せよ。

解）

$$d\frac{(\tilde{\boldsymbol{p}}\tilde{\boldsymbol{q}}-\tilde{\boldsymbol{q}}\tilde{\boldsymbol{p}})}{dt}=m\frac{d^2\tilde{\boldsymbol{q}}}{dt^2}\tilde{\boldsymbol{q}}+m\left(\frac{d\tilde{\boldsymbol{q}}}{dt}\right)^2-m\left(\frac{d\tilde{\boldsymbol{q}}}{dt}\right)^2-m\tilde{\boldsymbol{q}}\frac{d^2\tilde{\boldsymbol{q}}}{dt^2}$$

$$=m\frac{d^2\tilde{\boldsymbol{q}}}{dt^2}\tilde{\boldsymbol{q}}-m\tilde{\boldsymbol{q}}\frac{d^2\tilde{\boldsymbol{q}}}{dt^2}=m\left(\frac{d^2\tilde{\boldsymbol{q}}}{dt^2}\tilde{\boldsymbol{q}}-\tilde{\boldsymbol{q}}\frac{d^2\tilde{\boldsymbol{q}}}{dt^2}\right)$$

となる。

ここで、行列 $\tilde{\boldsymbol{q}}$ と行列 $\dfrac{d^2\tilde{\boldsymbol{q}}}{dt^2}$ が交換可能であるから

$$\frac{d^2\tilde{\boldsymbol{q}}}{dt^2}\tilde{\boldsymbol{q}}-\tilde{\boldsymbol{q}}\frac{d^2\tilde{\boldsymbol{q}}}{dt^2}=\tilde{\boldsymbol{O}}$$

を使うと

$$d\frac{(\tilde{\boldsymbol{p}}\tilde{\boldsymbol{q}}-\tilde{\boldsymbol{q}}\tilde{\boldsymbol{p}})}{dt}=\tilde{\boldsymbol{O}}$$

となる。

つまり、行列

$$[\tilde{\boldsymbol{p}},\ \tilde{\boldsymbol{q}}]=\tilde{\boldsymbol{p}}\tilde{\boldsymbol{q}}-\tilde{\boldsymbol{q}}\tilde{\boldsymbol{p}}$$

を時間で微分したものは、ゼロ行列となる。

この結果は何を意味するであろうか。行列 $[\tilde{\boldsymbol{p}},\ \tilde{\boldsymbol{q}}]=\tilde{\boldsymbol{p}}\tilde{\boldsymbol{q}}-\tilde{\boldsymbol{q}}\tilde{\boldsymbol{p}}$ の対角成分は、もともと時間の項を含まないので時間で微分したらゼロになる。一方、ゼロ行列ということは、非対角成分の時間微分もすべてゼロになることを示しているのである。

演習 4-8　行列 $[\tilde{\boldsymbol{p}},\ \tilde{\boldsymbol{q}}]=\tilde{\boldsymbol{p}}\tilde{\boldsymbol{q}}-\tilde{\boldsymbol{q}}\tilde{\boldsymbol{p}}$ の非対角成分である (1, 2) 成分を示せ。

解）

$$[\tilde{\boldsymbol{p}},\ \tilde{\boldsymbol{q}}]_{12}=\sum_k p_{1k}\,q_{k2}-\sum_k q_{1k}\,p_{k2}$$

$$= \sum_k P_{1k} Q_{k2} \exp(i\omega_{12} t) - \sum_k Q_{1k} P_{k2} \exp(i\omega_{12} t)$$

となり、まとめると

$$[\tilde{\boldsymbol{p}}, \tilde{\boldsymbol{q}}]_{12} = \left\{ \sum_k P_{1k} Q_{k2} - \sum_k Q_{1k} P_{k2} \right\} \exp(i\omega_{12} t)$$

となる。

この時間微分は

$$\left[\frac{d(\tilde{\boldsymbol{p}}\tilde{\boldsymbol{q}} - \tilde{\boldsymbol{q}}\tilde{\boldsymbol{p}})}{dt} \right]_{12} = i\omega_{12} \left\{ \sum_k P_{1k} Q_{k2} - \sum_k Q_{1k} P_{k2} \right\} \exp(i\omega_{12} t)$$

となるが、これはゼロ行列の成分となるから、この項はゼロでなければならない。したがって

$$\sum_k P_{1k} Q_{k2} - \sum_k Q_{1k} P_{k2} = 0$$

ということになり

$$\sum_k P_{1k} Q_{k2} - Q_{1k} P_{k2} = \left[\tilde{\boldsymbol{P}}\tilde{\boldsymbol{Q}} - \tilde{\boldsymbol{Q}}\tilde{\boldsymbol{P}} \right]_{12} = 0$$

から (1, 2) 成分はゼロということになる。

他の非対角成分についても同様であり、結局

$$\tilde{\boldsymbol{P}}\tilde{\boldsymbol{Q}} - \tilde{\boldsymbol{Q}}\tilde{\boldsymbol{P}}$$

という行列の非対角成分はすべてゼロとなる。まさにボルンの予想が当たっていたのである。

ボルンは、この結果に勇気を得て、ヨルダン、ハイゼンベルクとともに、新しい量子の世界を記述できる力学である行列力学の構築へと進んでいくのである。

4. 8. まとめ

ここで、あらためて量子条件を行列で書くと

$$\tilde{\boldsymbol{p}}\tilde{\boldsymbol{q}} - \tilde{\boldsymbol{q}}\tilde{\boldsymbol{p}} = \frac{h}{2\pi i}\tilde{\boldsymbol{E}} \qquad \text{かつ} \qquad \tilde{\boldsymbol{P}}\tilde{\boldsymbol{Q}} - \tilde{\boldsymbol{Q}}\tilde{\boldsymbol{P}} = \frac{h}{2\pi i}\tilde{\boldsymbol{E}}$$

ということになる。これを**正準交換関係** (canonical commutation relation) と呼んでいる。これは何を意味しているのだろうか。

実は、正準交換関係の本質は、振幅項の

$$\tilde{\boldsymbol{P}}\tilde{\boldsymbol{Q}}-\tilde{\boldsymbol{Q}}\tilde{\boldsymbol{P}}=\frac{h}{2\pi i}\tilde{\boldsymbol{E}}$$

にあるということを意味している。あるいは

$$q_{nm}=Q_{nm}\exp(i\omega_{nm}t)$$

と書いたときの時間遷移項である $\exp(i\omega_{nm}t)$ には関係がないということである。これは、考えれば当たり前である。量子条件は、定常状態の電子の運動を反映したものであり、軌道間遷移には関係がないからである。

つまり、主役は $\tilde{\boldsymbol{P}}, \tilde{\boldsymbol{Q}}$ となるのである。さらに、電子軌道の定常状態は、(n, n) 成分、つまり対角成分にある。それ以外の成分は、時間に依存するため、定常状態にはないからである。

ところで、正準交換関係は、運動量行列 $\tilde{\boldsymbol{p}}$ と位置行列 $\tilde{\boldsymbol{q}}$ が行列演算として可換ではないということを意味している。線形代数によれば、これは、同じ固有ベクトルを持たないということになり、運動量と位置を同時に確定することはできないという**不確定性原理** (uncertainty principle) へと、つながっているのである。

第 5 章　行列力学の建設

量子の世界を記述する新しい力学は、物理量が行列からなっている。これが正しい方向なのかどうかは、ハイゼンベルクやボルンも確信が持てなかったものと推測される。そもそも、従来の物理学のような演算が、行列で可能なのだろうか。なぜなら行列の掛け算は、一般には交換可能ではない。行列計算が破綻したのでは、大きな方向転換が必要になる。

この特殊な行列演算の手法も含めて、ボルンらは、**解析力学** (analytical mechanics) の形式を参考にしながら、行列を基礎とした新しい量子の力学を建設していくことになる。

5. 1.　行列演算

解析力学では、位置座標 q と運動量座標 p を基本として、関数 $f(q,p)$ を計算していく[15]。これは、力学において物体の運動を決定するためには、位置 q と運動量 p の情報が必要となること、そして、力学に登場する関数は、q と p の関数となることを反映している。

もし、行列力学が正しいとしたら、解析力学における計算と同様な演算が行列においても可能となるはずである。ここで

$$f(\tilde{\boldsymbol{q}}, \tilde{\boldsymbol{p}}) = \tilde{\boldsymbol{p}}^2\tilde{\boldsymbol{q}} - \tilde{\boldsymbol{p}}\tilde{\boldsymbol{q}}\tilde{\boldsymbol{p}}$$

という位置行列と運動量行列からなる関数を考えてみよう。

行列計算では、一般には

$$\tilde{\boldsymbol{p}}\tilde{\boldsymbol{q}} \neq \tilde{\boldsymbol{q}}\tilde{\boldsymbol{p}}$$

のように、掛け算が非可換である。よって、掛け算の順序を変えてはいけない。

---

[15] ハミルトン形式の解析力学と呼ばれており、主役を演じるエネルギーに相当するハミルトニアン H は $H = H(q, p)$ のように、q と p の関数となる。

ただし、この約束を守れば計算を進めることができる。

　すると

$$f(\tilde{q}, \tilde{p}) = \tilde{p}\,(\tilde{p}\tilde{q} - \tilde{q}\,\tilde{p})$$

のように、変形することが可能である。

　ただし、これ以上計算することはできない。ここで登場するのが、**正準交換関係** (canonical commutation relation) である。量子条件を行列で示すと

$$\left[\tilde{p}, \tilde{q}\right] = \tilde{p}\tilde{q} - \tilde{q}\,\tilde{p} = \frac{h}{2\pi i}\tilde{E}$$

となる。$\left[\tilde{p}, \tilde{q}\right]$ は**交換子** (commutator) と呼ばれる。

　この式は、量子条件を行列で表現したものであるが、実は、行列の演算を行う上で重要な役割をはたす。行列の掛け算では、交換関係が成立しないため、$\tilde{p}\tilde{q}$ が計算できていても、$\tilde{q}\,\tilde{p}$ がわからないので、先に進めない。ところが、表記の正準交換関係を知っていれば

$$\tilde{q}\,\tilde{p} = \tilde{p}\tilde{q} - \frac{h}{2\pi i}\tilde{E}$$

と計算を進めることができるのである。すると

$$f(\tilde{q}, \tilde{p}) = \tilde{p}(\tilde{p}\tilde{q} - \tilde{q}\,\tilde{p}) = \tilde{p}\left(\frac{h}{2\pi i}\tilde{E}\right) = \frac{h}{2\pi i}\tilde{p}$$

となる。

演習 5-1　つぎの行列演算を正準交換関係を利用して計算せよ。

$$f(\tilde{q}, \tilde{p}) = \tilde{p}\tilde{q}^2 - \tilde{q}^2\tilde{p}$$

解）　$\tilde{p}\tilde{q} = \tilde{q}\,\tilde{p} + \dfrac{h}{2\pi i}\tilde{E}$　　$\tilde{q}\,\tilde{p} = \tilde{p}\tilde{q} - \dfrac{h}{2\pi i}\tilde{E}$

という関係を利用できるように、表記の式を変形する。

　すると

$$f(\tilde{q}, \tilde{p}) = \tilde{p}\tilde{q}^2 - \tilde{q}^2\tilde{p} = (\tilde{p}\tilde{q})\tilde{q} - \tilde{q}(\tilde{q}\,\tilde{p}) = \left(\tilde{q}\,\tilde{p} + \frac{h}{2\pi i}\tilde{E}\right)\tilde{q} - \tilde{q}\left(\tilde{p}\tilde{q} - \frac{h}{2\pi i}\tilde{E}\right)$$

$$= \tilde{q}\,\tilde{p}\tilde{q} + \frac{h}{2\pi i}\tilde{q} - \tilde{q}\,\tilde{p}\tilde{q} + \frac{h}{2\pi i}\tilde{q} = \frac{h}{\pi i}\tilde{q}$$

となる。

このように、行列の交換は一般には非可換であるが、交換子の値がわかっていれば、計算を進めることが可能となるのである。ボルンたちが心配していた行列計算が、通常の演算のように可能かどうかという心配は、これで解消されたことになる。さらに、ボルンたちの快進撃は進む。

5.2. 交換子

つぎの位置ならびに運動量行列からなる関数

$$f(\tilde{\boldsymbol{p}},\tilde{\boldsymbol{q}})=a\,\tilde{\boldsymbol{p}}^2+b\,\tilde{\boldsymbol{p}}\tilde{\boldsymbol{q}}+c\tilde{\boldsymbol{q}}^2$$

を考え、この関数と運動量行列 $\tilde{\boldsymbol{p}}$ との交換子

$$\left[\tilde{\boldsymbol{p}},f(\tilde{\boldsymbol{p}},\tilde{\boldsymbol{q}})\right]=\tilde{\boldsymbol{p}}\,f(\tilde{\boldsymbol{p}},\tilde{\boldsymbol{q}})-f(\tilde{\boldsymbol{p}},\tilde{\boldsymbol{q}})\tilde{\boldsymbol{p}}$$

を計算してみよう。

すると

$$\tilde{\boldsymbol{p}}\,f(\tilde{\boldsymbol{p}},\tilde{\boldsymbol{q}})=a\,\tilde{\boldsymbol{p}}^3+b\,\tilde{\boldsymbol{p}}^2\tilde{\boldsymbol{q}}+c\,\tilde{\boldsymbol{p}}\tilde{\boldsymbol{q}}^2$$
$$f(\tilde{\boldsymbol{p}},\tilde{\boldsymbol{q}})\,\tilde{\boldsymbol{p}}=a\,\tilde{\boldsymbol{p}}^3+b\,\tilde{\boldsymbol{p}}\tilde{\boldsymbol{q}}\,\tilde{\boldsymbol{p}}+c\tilde{\boldsymbol{q}}^2\,\tilde{\boldsymbol{p}}$$

となるので

$$\tilde{\boldsymbol{p}}\,f(\tilde{\boldsymbol{p}},\tilde{\boldsymbol{q}})-f(\tilde{\boldsymbol{p}},\tilde{\boldsymbol{q}})\tilde{\boldsymbol{p}}=b\,\tilde{\boldsymbol{p}}^2\tilde{\boldsymbol{q}}-b\,\tilde{\boldsymbol{p}}\tilde{\boldsymbol{q}}\,\tilde{\boldsymbol{p}}+c\,\tilde{\boldsymbol{p}}\tilde{\boldsymbol{q}}^2-c\tilde{\boldsymbol{q}}^2\,\tilde{\boldsymbol{p}}$$

と展開できる。

演習 5-2　係数 b の項をまとめると

$$b\,\tilde{\boldsymbol{p}}^2\tilde{\boldsymbol{q}}-b\,\tilde{\boldsymbol{p}}\tilde{\boldsymbol{q}}\,\tilde{\boldsymbol{p}}$$

となる。この行列演算を実行せよ。

解）

$$b\,\tilde{\boldsymbol{p}}^2\tilde{\boldsymbol{q}}-b\,\tilde{\boldsymbol{p}}\tilde{\boldsymbol{q}}\,\tilde{\boldsymbol{p}}=b\,\tilde{\boldsymbol{p}}(\tilde{\boldsymbol{p}}\tilde{\boldsymbol{q}}-\tilde{\boldsymbol{q}}\,\tilde{\boldsymbol{p}})$$

とまとめられる。

かっこ内に正準交換関係を適用すると

$$b\,\tilde{\boldsymbol{p}}^2\tilde{\boldsymbol{q}} - b\,\tilde{\boldsymbol{p}}\tilde{\boldsymbol{q}}\,\tilde{\boldsymbol{p}} = b\,\tilde{\boldsymbol{p}}\frac{h}{2\pi i}\tilde{\boldsymbol{E}} = b\frac{h}{2\pi i}\tilde{\boldsymbol{p}}$$

と計算できる。

結局、表記の行列演算は $b\dfrac{h}{2\pi i}\tilde{\boldsymbol{p}}$ と簡単となる。

> **演習 5-3**　係数 c の項をまとめると
>
> $$c\,\tilde{\boldsymbol{p}}\tilde{\boldsymbol{q}}^2 - c\tilde{\boldsymbol{q}}^2\tilde{\boldsymbol{p}}$$
>
> となる。この行列演算を実行せよ。

解）

$$c\,\tilde{\boldsymbol{p}}\tilde{\boldsymbol{q}}^2 - c\tilde{\boldsymbol{q}}^2\tilde{\boldsymbol{p}} = c(\tilde{\boldsymbol{p}}\tilde{\boldsymbol{q}})\tilde{\boldsymbol{q}} - c\tilde{\boldsymbol{q}}^2\tilde{\boldsymbol{p}}$$

と変形したうえで、正準交換関係を変形した次式

$$\tilde{\boldsymbol{p}}\tilde{\boldsymbol{q}} = \tilde{\boldsymbol{q}}\,\tilde{\boldsymbol{p}} + \frac{h}{2\pi i}\tilde{\boldsymbol{E}}$$

を代入する。すると

$$c\,\tilde{\boldsymbol{p}}\tilde{\boldsymbol{q}}^2 - c\tilde{\boldsymbol{q}}^2\tilde{\boldsymbol{p}} = c\left(\tilde{\boldsymbol{q}}\,\tilde{\boldsymbol{p}} + \frac{h}{2\pi i}\tilde{\boldsymbol{E}}\right)\tilde{\boldsymbol{q}} - c\tilde{\boldsymbol{q}}^2\tilde{\boldsymbol{p}} = \frac{ch}{2\pi i}\tilde{\boldsymbol{q}} + c\tilde{\boldsymbol{q}}\,\tilde{\boldsymbol{p}}\tilde{\boldsymbol{q}} - c\tilde{\boldsymbol{q}}^2\tilde{\boldsymbol{p}}$$

$$= \frac{ch}{2\pi i}\tilde{\boldsymbol{q}} + c\tilde{\boldsymbol{q}}(\tilde{\boldsymbol{p}}\tilde{\boldsymbol{q}} - \tilde{\boldsymbol{q}}\,\tilde{\boldsymbol{p}}) = \frac{ch}{2\pi i}\tilde{\boldsymbol{q}} + c\tilde{\boldsymbol{q}}\frac{h}{2\pi i}\tilde{\boldsymbol{E}} = c\frac{h}{\pi i}\tilde{\boldsymbol{q}}$$

となる。

以上から

$$[\tilde{\boldsymbol{p}}, f(\tilde{\boldsymbol{p}}, \tilde{\boldsymbol{q}})] = \tilde{\boldsymbol{p}}\,f(\tilde{\boldsymbol{p}}, \tilde{\boldsymbol{q}}) - f(\tilde{\boldsymbol{p}}, \tilde{\boldsymbol{q}})\tilde{\boldsymbol{p}} = \frac{h}{2\pi i}(b\,\tilde{\boldsymbol{p}} + 2c\tilde{\boldsymbol{q}})$$

と与えられる。

ところで、いまの計算を行ったのには意味がある。それをつぎに示そう。行列の関数

$$f(\tilde{\boldsymbol{p}}, \tilde{\boldsymbol{q}}) = a\,\tilde{\boldsymbol{p}}^2 + b\,\tilde{\boldsymbol{p}}\tilde{\boldsymbol{q}} + c\tilde{\boldsymbol{q}}^2$$

を $\tilde{\boldsymbol{q}}$ で偏微分すると

$$\frac{\partial f(\tilde{\boldsymbol{p}}, \tilde{\boldsymbol{q}})}{\partial \tilde{\boldsymbol{q}}} = b\,\tilde{\boldsymbol{p}} + 2c\,\tilde{\boldsymbol{q}}$$

となる。つまり

$$[\tilde{\boldsymbol{p}}, f(\tilde{\boldsymbol{p}},\tilde{\boldsymbol{q}})] = \frac{h}{2\pi i}\frac{\partial f(\tilde{\boldsymbol{p}},\tilde{\boldsymbol{q}})}{\partial \tilde{\boldsymbol{q}}}$$

という関係が得られる。あるいは

$$\frac{\partial f(\tilde{\boldsymbol{p}}, \tilde{\boldsymbol{q}})}{\partial \tilde{\boldsymbol{q}}} = \frac{2\pi i}{h}[\,\tilde{\boldsymbol{p}}, f(\tilde{\boldsymbol{p}}, \tilde{\boldsymbol{q}})]$$

となる。

演習 5-4　正準交換関係を利用して $f(\tilde{\boldsymbol{p}}, \tilde{\boldsymbol{q}}) = a\,\tilde{\boldsymbol{p}}^2 + b\,\tilde{\boldsymbol{p}}\tilde{\boldsymbol{q}} + c\tilde{\boldsymbol{q}}^2$ という行列からなる関数に対して、つぎの交換子を計算せよ。

$$[\tilde{\boldsymbol{q}}, f(\tilde{\boldsymbol{p}},\tilde{\boldsymbol{q}})] = \tilde{\boldsymbol{q}}\,f(\tilde{\boldsymbol{p}},\tilde{\boldsymbol{q}}) - f(\tilde{\boldsymbol{p}},\tilde{\boldsymbol{q}})\tilde{\boldsymbol{q}}$$

解）　第 1 項および第 2 項は

$$\tilde{\boldsymbol{q}}\,f(\tilde{\boldsymbol{p}},\tilde{\boldsymbol{q}}) = a\tilde{\boldsymbol{q}}\,\tilde{\boldsymbol{p}}^2 + b\tilde{\boldsymbol{q}}\,\tilde{\boldsymbol{p}}\tilde{\boldsymbol{q}} + c\tilde{\boldsymbol{q}}^3$$
$$f(\tilde{\boldsymbol{p}},\tilde{\boldsymbol{q}})\tilde{\boldsymbol{q}} = a\,\tilde{\boldsymbol{p}}^2\tilde{\boldsymbol{q}} + b\,\tilde{\boldsymbol{p}}\tilde{\boldsymbol{q}}^2 + c\tilde{\boldsymbol{q}}^3$$

となるので

$$\tilde{\boldsymbol{q}}\,f(\tilde{\boldsymbol{p}},\tilde{\boldsymbol{q}}) - f(\tilde{\boldsymbol{p}},\tilde{\boldsymbol{q}})\,\tilde{\boldsymbol{q}} = a\tilde{\boldsymbol{q}}\,\tilde{\boldsymbol{p}}^2 - a\,\tilde{\boldsymbol{p}}^2\tilde{\boldsymbol{q}} + b\tilde{\boldsymbol{q}}\,\tilde{\boldsymbol{p}}\tilde{\boldsymbol{q}} - b\,\tilde{\boldsymbol{p}}\tilde{\boldsymbol{q}}^2$$

となる。

正準交換関係を利用して、係数 a の項をまとめると

$$a\tilde{\boldsymbol{q}}\,\tilde{\boldsymbol{p}}^2 - a\,\tilde{\boldsymbol{p}}^2\tilde{\boldsymbol{q}} = a(\tilde{\boldsymbol{q}}\,\tilde{\boldsymbol{p}})\tilde{\boldsymbol{p}} - a\,\tilde{\boldsymbol{p}}^2\tilde{\boldsymbol{q}} = a\left(\tilde{\boldsymbol{p}}\tilde{\boldsymbol{q}} - \frac{h}{2\pi i}\tilde{\boldsymbol{E}}\right)\tilde{\boldsymbol{p}} - a\,\tilde{\boldsymbol{p}}^2\tilde{\boldsymbol{q}}$$

$$= -a\frac{h}{2\pi i}\tilde{\boldsymbol{p}} + a\,\tilde{\boldsymbol{p}}\tilde{\boldsymbol{q}}\,\tilde{\boldsymbol{p}} - a\,\tilde{\boldsymbol{p}}^2\tilde{\boldsymbol{q}} = -a\frac{h}{2\pi i}\tilde{\boldsymbol{p}} + a\,\tilde{\boldsymbol{p}}(\tilde{\boldsymbol{q}}\,\tilde{\boldsymbol{p}} - \tilde{\boldsymbol{p}}\tilde{\boldsymbol{q}})$$

$$= -a\frac{h}{2\pi i}\tilde{\boldsymbol{p}} - a\,\tilde{\boldsymbol{p}}\frac{h}{2\pi i}\tilde{\boldsymbol{E}} = -2a\frac{h}{2\pi i}\tilde{\boldsymbol{p}}$$

となる。つぎに係数 b の項は

$$b\tilde{\boldsymbol{q}}\tilde{\boldsymbol{p}}\tilde{\boldsymbol{q}} - b\tilde{\boldsymbol{p}}\tilde{\boldsymbol{q}}^2 = b(\tilde{\boldsymbol{q}}\tilde{\boldsymbol{p}} - \tilde{\boldsymbol{p}}\tilde{\boldsymbol{q}})\tilde{\boldsymbol{q}} = -b\frac{h}{2\pi i}\tilde{\boldsymbol{q}}$$

となり、結局

$$\tilde{\boldsymbol{q}}f(\tilde{\boldsymbol{p}},\tilde{\boldsymbol{q}}) - f(\tilde{\boldsymbol{p}},\tilde{\boldsymbol{q}})\tilde{\boldsymbol{q}} = -\frac{h}{2\pi i}(2a\tilde{\boldsymbol{p}} + b\tilde{\boldsymbol{q}})$$

となる。

ここで、関数

$$f(\tilde{\boldsymbol{p}},\tilde{\boldsymbol{q}}) = a\tilde{\boldsymbol{p}}^2 + b\tilde{\boldsymbol{p}}\tilde{\boldsymbol{q}} + c\tilde{\boldsymbol{q}}^2$$

を $\tilde{\boldsymbol{p}}$ に関して偏微分すると

$$\frac{\partial f(\tilde{\boldsymbol{p}},\tilde{\boldsymbol{q}})}{\partial \tilde{\boldsymbol{p}}} = 2a\tilde{\boldsymbol{p}} + b\tilde{\boldsymbol{q}}$$

となるので

$$\frac{\partial f(\tilde{\boldsymbol{p}},\tilde{\boldsymbol{q}})}{\partial \tilde{\boldsymbol{p}}} = -\frac{2\pi i}{h}\left[\tilde{\boldsymbol{q}}, f(\tilde{\boldsymbol{p}},\tilde{\boldsymbol{q}})\right]$$

という関係が成立することがわかる。

つまり、交換子は

$$\frac{\partial f(\tilde{\boldsymbol{p}},\tilde{\boldsymbol{q}})}{\partial \tilde{\boldsymbol{q}}} = \frac{2\pi i}{h}\left[\tilde{\boldsymbol{p}}, f(\tilde{\boldsymbol{p}},\tilde{\boldsymbol{q}})\right]$$

$$\frac{\partial f(\tilde{\boldsymbol{p}},\tilde{\boldsymbol{q}})}{\partial \tilde{\boldsymbol{p}}} = -\frac{2\pi i}{h}\left[\tilde{\boldsymbol{q}}, f(\tilde{\boldsymbol{p}},\tilde{\boldsymbol{q}})\right]$$

という微分演算に対応するのである。

5. 3.　ハミルトンの正準方程式

ボルンは、これら演算結果を見て、解析力学で登場する**ハミルトンの正準方程式** (Hamilton's equations of motion) のことを思い出す。それは、運動量 (p) および位置 (q) を用いて表した運動方程式のことであり、つぎのかたちをしている。

$$\frac{\partial H}{\partial p} = \frac{dq}{dt} \qquad \frac{\partial H}{\partial q} = -\frac{dp}{dt}$$

ここで、H は**ハミルトニアン** (Hamiltonian) と呼ばれており、系の総エネルギー

を p, q の関数にしたものである。よって、一般形は

$$H(p, q) = \frac{p^2}{2m} + U(q)$$

となる。ここで第 1 項は**運動エネルギー** (kinetic energy)、第 2 項は**位置エネルギー** (potential energy) に相当する。ハミルトンの運動方程式は、基本的にはニュートンの運動方程式と全く同じものであり、表記方法が異なるだけである。ただし、その数学的形式が、量子力学を取り扱うのに適していることが明らかとなったのである。

単振動の場合のハミルトニアンは

$$H(p, q) = \frac{p^2}{2m} + \frac{1}{2}kq^2$$

となる。これをハミルトンの正準方程式にあてはめてみる。

まず、p に関する偏微分は

$$\frac{\partial H}{\partial p} = \frac{\partial}{\partial p}\left(\frac{p^2}{2m} + \frac{1}{2}kq^2\right) = \frac{p}{m} = \frac{mv}{m} = v$$

となって速度 (v) となる。

$v = dq/dt$ であるから、確かに

$$\frac{\partial H}{\partial p} = \frac{dq}{dt}$$

という関係が成立していることがわかる。

演習 5-5　位置 q に関するハミルトンの正準方程式が成立することを確かめよ。

解）　q に関する H の偏微分は

$$\frac{\partial H}{\partial q} = \frac{\partial}{\partial q}\left(\frac{p^2}{2m} + \frac{1}{2}kq^2\right) = kq = -F$$

となり、力 F となる。

ここで

$$\frac{dp}{dt} = \frac{d}{dt}(mv) = \frac{d}{dt}\left(m\frac{dq}{dt}\right) = m\frac{d^2q}{dt^2} = F$$

であるから、確かに

$$\frac{\partial H}{\partial q} = -\frac{dp}{dt}$$

という関係が成立していることがわかる。

ボルンは、行列力学が正しい方向を向いているとしたら、これら正準方程式が行列においても成立するものと考えた。これを確かめてみよう。

ここでも、単振動を採用する。この運動のハミルトニアンは、行列表示では

$$H(\tilde{\boldsymbol{p}}, \tilde{\boldsymbol{q}}) = \frac{\tilde{\boldsymbol{p}}^2}{2m} + \frac{1}{2}k\tilde{\boldsymbol{q}}^2$$

となる。さらに、単振動の微分方程式は

$$m\frac{d^2\tilde{\boldsymbol{q}}}{dt^2} + k\tilde{\boldsymbol{q}} = 0$$

となるのであった。

演習 5-6　次式が成立することを確かめよ。

$$\frac{\partial H(\tilde{\boldsymbol{p}}, \tilde{\boldsymbol{q}})}{\partial \tilde{\boldsymbol{q}}} = -\frac{d\tilde{\boldsymbol{p}}}{dt}$$

解）　$H(\tilde{\boldsymbol{p}}, \tilde{\boldsymbol{q}}) = \dfrac{\tilde{\boldsymbol{p}}^2}{2m} + \dfrac{1}{2}k\tilde{\boldsymbol{q}}^2$　より

$$\frac{\partial H(\tilde{\boldsymbol{p}}, \tilde{\boldsymbol{q}})}{\partial \tilde{\boldsymbol{q}}} = k\tilde{\boldsymbol{q}}$$

となる。また、運動量は　$\tilde{\boldsymbol{p}} = m\tilde{\boldsymbol{v}} = m\dfrac{d\tilde{\boldsymbol{q}}}{dt}$　から

$$\frac{d\tilde{\boldsymbol{p}}}{dt} = m\frac{d^2\tilde{\boldsymbol{q}}}{dt^2}$$

単振動の微分方程式から

$$m\frac{d^2\tilde{\boldsymbol{q}}}{dt^2} = -k\tilde{\boldsymbol{q}}$$

が成立するので

$$\frac{\partial H(\tilde{\boldsymbol{p}},\tilde{\boldsymbol{q}})}{\partial \tilde{\boldsymbol{q}}} = -\frac{d\,\tilde{\boldsymbol{p}}}{dt}$$

となることが確認できる。

同様にして

$$\frac{\partial H(\tilde{\boldsymbol{p}},\tilde{\boldsymbol{q}})}{\partial \tilde{\boldsymbol{p}}} = \frac{\tilde{\boldsymbol{p}}}{m}$$

となるが $\tilde{\boldsymbol{p}} = m\dfrac{d\tilde{\boldsymbol{q}}}{dt}$ から

$$\frac{\partial H(\tilde{\boldsymbol{p}},\tilde{\boldsymbol{q}})}{\partial \tilde{\boldsymbol{p}}} = \frac{d\tilde{\boldsymbol{q}}}{dt}$$

となる。したがって、位置ならびに運動量行列においても、ハミルトンの正準方程式が成立することがわかる。

演習 5-7　単振動のハミルトニアンに関して、つぎの交換子

$$\left[\tilde{\boldsymbol{p}}, H(\tilde{\boldsymbol{p}},\tilde{\boldsymbol{q}})\right] = \tilde{\boldsymbol{p}}\,H(\tilde{\boldsymbol{p}},\tilde{\boldsymbol{q}}) - H(\tilde{\boldsymbol{p}},\tilde{\boldsymbol{q}})\,\tilde{\boldsymbol{p}}$$

を計算せよ。

解）

$$\tilde{\boldsymbol{p}}\,H(\tilde{\boldsymbol{p}},\tilde{\boldsymbol{q}}) = \frac{\tilde{\boldsymbol{p}}^3}{2m} + \frac{1}{2}k\,\tilde{\boldsymbol{p}}\tilde{\boldsymbol{q}}^2 \qquad H(\tilde{\boldsymbol{p}},\tilde{\boldsymbol{q}})\tilde{\boldsymbol{p}} = \frac{\tilde{\boldsymbol{p}}^3}{2m} + \frac{1}{2}k\,\tilde{\boldsymbol{q}}^2\tilde{\boldsymbol{p}}$$

であるので

$$\left[\tilde{\boldsymbol{p}}, H(\tilde{\boldsymbol{p}},\tilde{\boldsymbol{q}})\right] = \frac{1}{2}k\,\tilde{\boldsymbol{p}}\tilde{\boldsymbol{q}}^2 - \frac{1}{2}k\,\tilde{\boldsymbol{q}}^2\tilde{\boldsymbol{p}} = \frac{1}{2}k(\tilde{\boldsymbol{p}}\tilde{\boldsymbol{q}}^2 - \tilde{\boldsymbol{q}}^2\tilde{\boldsymbol{p}})$$

となる。正準交換関係を使うと

$$\tilde{\boldsymbol{p}}\tilde{\boldsymbol{q}}^2 = (\tilde{\boldsymbol{p}}\tilde{\boldsymbol{q}})\tilde{\boldsymbol{q}} = \left(\tilde{\boldsymbol{q}}\,\tilde{\boldsymbol{p}} + \frac{h}{2\pi i}\tilde{\boldsymbol{E}}\right)\tilde{\boldsymbol{q}} = \frac{h}{2\pi i}\tilde{\boldsymbol{q}} + \tilde{\boldsymbol{q}}\,\tilde{\boldsymbol{p}}\,\tilde{\boldsymbol{q}}$$

となるので

$$\tilde{\boldsymbol{p}}\,\tilde{\boldsymbol{q}}^2-\tilde{\boldsymbol{q}}^2\tilde{\boldsymbol{p}}=\frac{h}{2\pi i}\tilde{\boldsymbol{q}}+\tilde{\boldsymbol{q}}\,\tilde{\boldsymbol{p}}\tilde{\boldsymbol{q}}-\tilde{\boldsymbol{q}}^2\tilde{\boldsymbol{p}}$$

$$=\frac{h}{2\pi i}\tilde{\boldsymbol{q}}+\tilde{\boldsymbol{q}}(\tilde{\boldsymbol{p}}\tilde{\boldsymbol{q}}-\tilde{\boldsymbol{q}}\,\tilde{\boldsymbol{p}})=\frac{h}{2\pi i}\tilde{\boldsymbol{q}}+\tilde{\boldsymbol{q}}\left(\frac{h}{2\pi i}\tilde{\boldsymbol{E}}\right)=\frac{h}{\pi i}\tilde{\boldsymbol{q}}$$

となる。したがって

$$\left[\tilde{\boldsymbol{p}},H(\tilde{\boldsymbol{p}},\tilde{\boldsymbol{q}})\right]=\frac{1}{2}k(\tilde{\boldsymbol{p}}\tilde{\boldsymbol{q}}^2-\tilde{\boldsymbol{q}}^2\tilde{\boldsymbol{p}})=k\frac{h}{2\pi i}\tilde{\boldsymbol{q}}$$

となる。

ここで

$$\frac{\partial H(\tilde{\boldsymbol{p}},\tilde{\boldsymbol{q}})}{\partial\tilde{\boldsymbol{q}}}=k\tilde{\boldsymbol{q}}$$

であるから

$$\left[\tilde{\boldsymbol{p}},H(\tilde{\boldsymbol{p}},\tilde{\boldsymbol{q}})\right]=\frac{h}{2\pi i}\frac{\partial H(\tilde{\boldsymbol{p}},\tilde{\boldsymbol{q}})}{\partial\tilde{\boldsymbol{q}}}$$

という関係にあることがわかる。あるいは

$$\frac{\partial H(\tilde{\boldsymbol{p}},\tilde{\boldsymbol{q}})}{\partial\tilde{\boldsymbol{q}}}=\frac{2\pi i}{h}\left[\tilde{\boldsymbol{p}},H(\tilde{\boldsymbol{p}},\tilde{\boldsymbol{q}})\right]$$

となる。このように、ハミルトニアンにおいても、交換子と偏微分が対応するという関係が成立している。そのうえで、ハミルトンの正準方程式は

$$\frac{\partial H(\tilde{\boldsymbol{p}},\tilde{\boldsymbol{q}})}{\partial\tilde{\boldsymbol{q}}}=-\frac{d\,\tilde{\boldsymbol{p}}}{dt}$$

であったので

$$\frac{d\,\tilde{\boldsymbol{p}}}{dt}=-\frac{2\pi i}{h}\left[\tilde{\boldsymbol{p}},H(\tilde{\boldsymbol{p}},\tilde{\boldsymbol{q}})\right]$$

という重要な関係が成立することになる。これについては、後ほど紹介する。

演習 5-8　単振動のハミルトニアンに対して、つぎの交換子を計算せよ。

$$\left[\tilde{\boldsymbol{q}},H(\tilde{\boldsymbol{p}},\tilde{\boldsymbol{q}})\right]=\tilde{\boldsymbol{q}}H(\tilde{\boldsymbol{p}},\tilde{\boldsymbol{q}})-H(\tilde{\boldsymbol{p}},\tilde{\boldsymbol{q}})\tilde{\boldsymbol{q}}$$

解） $\tilde{\boldsymbol{q}}H(\tilde{\boldsymbol{p}},\tilde{\boldsymbol{q}})-H(\tilde{\boldsymbol{p}},\tilde{\boldsymbol{q}})\tilde{\boldsymbol{q}}=\dfrac{\tilde{\boldsymbol{q}}\,\tilde{\boldsymbol{p}}^2}{2m}+\dfrac{1}{2}k\,\tilde{\boldsymbol{q}}^3-\dfrac{\tilde{\boldsymbol{p}}^2\tilde{\boldsymbol{q}}}{2m}-\dfrac{1}{2}k\,\tilde{\boldsymbol{q}}^3$

$$=\frac{\tilde{\boldsymbol{q}}\,\tilde{\boldsymbol{p}}^2}{2m}-\frac{\tilde{\boldsymbol{p}}^2\tilde{\boldsymbol{q}}}{2m}=\frac{1}{2m}\left\{(\tilde{\boldsymbol{q}}\,\tilde{\boldsymbol{p}})\,\tilde{\boldsymbol{p}}-\tilde{\boldsymbol{p}}^2\tilde{\boldsymbol{q}}\right\}=\frac{1}{2m}\left\{\left(\tilde{\boldsymbol{p}}\,\tilde{\boldsymbol{q}}-\frac{h}{2\pi i}\tilde{\boldsymbol{E}}\right)\tilde{\boldsymbol{p}}-\tilde{\boldsymbol{p}}^2\tilde{\boldsymbol{q}}\right\}$$

$$=\frac{1}{2m}\left\{\left(-\frac{h}{2\pi i}\tilde{\boldsymbol{p}}\right)+\tilde{\boldsymbol{p}}\,\tilde{\boldsymbol{q}}\,\tilde{\boldsymbol{p}}-\tilde{\boldsymbol{p}}^2\tilde{\boldsymbol{q}}\right\}=\frac{1}{2m}\left\{\left(-\frac{h}{2\pi i}\tilde{\boldsymbol{p}}\right)+\tilde{\boldsymbol{p}}(\tilde{\boldsymbol{q}}\,\tilde{\boldsymbol{p}}-\tilde{\boldsymbol{p}}\,\tilde{\boldsymbol{q}})\right\}$$

$$=\frac{1}{2m}\left\{\left(-\frac{h}{2\pi i}\tilde{\boldsymbol{p}}\right)+\tilde{\boldsymbol{p}}\left(-\frac{h}{2\pi i}\tilde{\boldsymbol{E}}\right)\right\}=-\frac{1}{m}\frac{h}{2\pi i}\tilde{\boldsymbol{p}}$$

となる。

ここで

$$\frac{\partial H(\tilde{\boldsymbol{p}},\tilde{\boldsymbol{q}})}{\partial\tilde{\boldsymbol{p}}}=\frac{\partial}{\partial\tilde{\boldsymbol{p}}}\left(\frac{\tilde{\boldsymbol{p}}^2}{2m}+\frac{1}{2}k\,\tilde{\boldsymbol{q}}^2\right)=\frac{\tilde{\boldsymbol{p}}}{m}$$

であるから

$$\frac{\partial H(\tilde{\boldsymbol{p}},\tilde{\boldsymbol{q}})}{\partial\tilde{\boldsymbol{p}}}=-\frac{2\pi i}{h}\left[\tilde{\boldsymbol{q}},H(\tilde{\boldsymbol{p}},\tilde{\boldsymbol{q}})\right]$$

という関係が成立する。

ここで、ハミルトンの正準方程式

$$\frac{\partial H(\tilde{\boldsymbol{p}},\tilde{\boldsymbol{q}})}{\partial\tilde{\boldsymbol{p}}}=\frac{d\tilde{\boldsymbol{q}}}{dt}$$

を思い出すと

$$\frac{d\tilde{\boldsymbol{q}}}{dt}=-\frac{2\pi i}{h}\left[\tilde{\boldsymbol{q}},H(\tilde{\boldsymbol{p}},\tilde{\boldsymbol{q}})\right]$$

が成立する。

演習 5-9　$d(\tilde{\boldsymbol{p}}+\tilde{\boldsymbol{q}})/dt$ を求めよ。

解） $\dfrac{d}{dt}(\tilde{\boldsymbol{p}}+\tilde{\boldsymbol{q}})=\dfrac{d\,\tilde{\boldsymbol{p}}}{dt}+\dfrac{d\tilde{\boldsymbol{q}}}{dt}$ であり

$$\frac{d\tilde{\boldsymbol{p}}}{dt} = -\frac{2\pi i}{h}\left[\tilde{\boldsymbol{p}}, H(\tilde{\boldsymbol{p}}, \tilde{\boldsymbol{q}})\right] \qquad \frac{d\tilde{\boldsymbol{q}}}{dt} = -\frac{2\pi i}{h}\left[\tilde{\boldsymbol{q}}, H(\tilde{\boldsymbol{p}}, \tilde{\boldsymbol{q}})\right]$$

という関係にあるから

$$\frac{d}{dt}(\tilde{\boldsymbol{p}}+\tilde{\boldsymbol{q}}) = -\frac{2\pi i}{h}\left[(\tilde{\boldsymbol{p}}+\tilde{\boldsymbol{q}}), H(\tilde{\boldsymbol{p}}, \tilde{\boldsymbol{q}})\right]$$

という関係が得られる。

ここで

$$g(\tilde{\boldsymbol{p}}, \tilde{\boldsymbol{q}}) = \tilde{\boldsymbol{p}} + \tilde{\boldsymbol{q}}$$

と置くと

$$\frac{d\,g(\tilde{\boldsymbol{p}}, \tilde{\boldsymbol{q}})}{dt} = -\frac{2\pi i}{h}\left[g(\tilde{\boldsymbol{p}}, \tilde{\boldsymbol{q}}), H(\tilde{\boldsymbol{p}}, \tilde{\boldsymbol{q}})\right]$$

となることがわかる。

5.4. ハイゼンベルクの運動方程式

実は、前節で示した関係は、運動量行列 $\tilde{\boldsymbol{p}}$ および位置行列 $\tilde{\boldsymbol{q}}$ からなる任意の関数

$$g(\tilde{\boldsymbol{p}}, \tilde{\boldsymbol{q}})$$

に対して一般的に成立する。

つまり

$$\frac{d\,g(\tilde{\boldsymbol{p}}, \tilde{\boldsymbol{q}})}{dt} = -\frac{2\pi i}{h}\left[g(\tilde{\boldsymbol{p}}, \tilde{\boldsymbol{q}}), H(\tilde{\boldsymbol{p}}, \tilde{\boldsymbol{q}})\right]$$

という関係が成立する。

この方程式のことを**ハイゼンベルクの運動方程式** (Heisenberg's equation of motion) と呼んでいる。

演習 5-10　関数 $g(\tilde{\boldsymbol{p}}, \tilde{\boldsymbol{q}}) = \tilde{\boldsymbol{p}}\tilde{\boldsymbol{q}}$ に対して、表記のハイゼンベルクの運動方程式が成立することを確かめよ。

解）

$$\frac{d\,g(\tilde{\boldsymbol{p}},\tilde{\boldsymbol{q}})}{dt}=\frac{d(\tilde{\boldsymbol{p}}\tilde{\boldsymbol{q}})}{dt}=\frac{d\,\tilde{\boldsymbol{p}}}{dt}\tilde{\boldsymbol{q}}+\tilde{\boldsymbol{p}}\frac{d\tilde{\boldsymbol{q}}}{dt}$$

となる。ここで

$$\frac{d\,\tilde{\boldsymbol{p}}}{dt}=-\frac{2\pi i}{h}\left[\,\tilde{\boldsymbol{p}},H(\tilde{\boldsymbol{p}},\tilde{\boldsymbol{q}})\right]=-\frac{2\pi i}{h}\left\{\tilde{\boldsymbol{p}}H(\tilde{\boldsymbol{p}},\tilde{\boldsymbol{q}})-H(\tilde{\boldsymbol{p}},\tilde{\boldsymbol{q}})\tilde{\boldsymbol{p}}\right\}$$

$$\frac{d\tilde{\boldsymbol{q}}}{dt}=-\frac{2\pi i}{h}\left[\tilde{\boldsymbol{q}},H(\tilde{\boldsymbol{p}},\tilde{\boldsymbol{q}})\right]=-\frac{2\pi i}{h}\left\{\tilde{\boldsymbol{q}}H(\tilde{\boldsymbol{p}},\tilde{\boldsymbol{q}})-H(\tilde{\boldsymbol{p}},\tilde{\boldsymbol{q}})\,\tilde{\boldsymbol{q}}\right\}$$

であったから、それぞれの項は

$$\frac{d\,\tilde{\boldsymbol{p}}}{dt}\tilde{\boldsymbol{q}}=-\frac{2\pi i}{h}\left\{\tilde{\boldsymbol{p}}H(\tilde{\boldsymbol{p}},\tilde{\boldsymbol{q}})\tilde{\boldsymbol{q}}-H(\tilde{\boldsymbol{p}},\tilde{\boldsymbol{q}})\tilde{\boldsymbol{p}}\tilde{\boldsymbol{q}}\right\}$$

$$\tilde{\boldsymbol{p}}\frac{d\tilde{\boldsymbol{q}}}{dt}=-\frac{2\pi i}{h}\left\{\tilde{\boldsymbol{p}}\tilde{\boldsymbol{q}}H(\tilde{\boldsymbol{p}},\tilde{\boldsymbol{q}})-\tilde{\boldsymbol{p}}H(\tilde{\boldsymbol{p}},\tilde{\boldsymbol{q}})\tilde{\boldsymbol{q}}\right\}$$

となるが、これら式を代入すると

$$\frac{d(\tilde{\boldsymbol{p}}\tilde{\boldsymbol{q}})}{dt}=-\frac{2\pi i}{h}\left\{\tilde{\boldsymbol{p}}\tilde{\boldsymbol{q}}H(\tilde{\boldsymbol{p}},\tilde{\boldsymbol{q}})-H(\tilde{\boldsymbol{p}},\tilde{\boldsymbol{q}})\tilde{\boldsymbol{p}}\tilde{\boldsymbol{q}}\right\}$$

$$=-\frac{2\pi i}{h}\left[\tilde{\boldsymbol{p}}\tilde{\boldsymbol{q}},H(\tilde{\boldsymbol{p}},\tilde{\boldsymbol{q}})\right]$$

となる。

このように、$g(\tilde{\boldsymbol{p}},\tilde{\boldsymbol{q}})=\tilde{\boldsymbol{p}}\tilde{\boldsymbol{q}}$ に対して、ハイゼンベルクの運動方程式が成立することがわかる。

演習 5-11　関数 $g(\tilde{\boldsymbol{p}},\tilde{\boldsymbol{q}})=\tilde{\boldsymbol{p}}^2$ に対して、ハイゼンベルクの運動方程式が成立することを確かめよ。

解）　ハイゼンベルクの運動方程式の左辺は

$$\frac{d\,g(\tilde{\boldsymbol{p}},\tilde{\boldsymbol{q}})}{dt}=\frac{d(\tilde{\boldsymbol{p}}^2)}{dt}=\frac{d(\tilde{\boldsymbol{p}}\cdot\tilde{\boldsymbol{p}})}{dt}=\frac{d\,\tilde{\boldsymbol{p}}}{dt}\tilde{\boldsymbol{p}}+\tilde{\boldsymbol{p}}\frac{d\,\tilde{\boldsymbol{p}}}{dt}$$

となる。ここで

$$\frac{d\tilde{\boldsymbol{p}}}{dt} = -\frac{2\pi i}{h}\left[\tilde{\boldsymbol{p}}, H(\tilde{\boldsymbol{p}}, \tilde{\boldsymbol{q}})\right] = -\frac{2\pi i}{h}\left\{\tilde{\boldsymbol{p}}H(\tilde{\boldsymbol{p}}, \tilde{\boldsymbol{q}}) - H(\tilde{\boldsymbol{p}}, \tilde{\boldsymbol{q}})\tilde{\boldsymbol{p}}\right\}$$

であるから、それぞれの項は

$$\frac{d\tilde{\boldsymbol{p}}}{dt}\tilde{\boldsymbol{p}} = -\frac{2\pi i}{h}\left\{\tilde{\boldsymbol{p}}H(\tilde{\boldsymbol{p}}, \tilde{\boldsymbol{q}})\tilde{\boldsymbol{p}} - H(\tilde{\boldsymbol{p}}, \tilde{\boldsymbol{q}})\tilde{\boldsymbol{p}}^2\right\}$$

$$\tilde{\boldsymbol{p}}\frac{d\tilde{\boldsymbol{p}}}{dt} = -\frac{2\pi i}{h}\left\{\tilde{\boldsymbol{p}}^2 H(\tilde{\boldsymbol{p}}, \tilde{\boldsymbol{q}}) - \tilde{\boldsymbol{p}}H(\tilde{\boldsymbol{p}}, \tilde{\boldsymbol{q}})\tilde{\boldsymbol{p}}\right\}$$

となる。両辺を足すと

$$\frac{d(\tilde{\boldsymbol{p}}^2)}{dt} = -\frac{2\pi i}{h}\left\{\tilde{\boldsymbol{p}}^2 H(\tilde{\boldsymbol{p}}, \tilde{\boldsymbol{q}}) - H(\tilde{\boldsymbol{p}}, \tilde{\boldsymbol{q}})\tilde{\boldsymbol{p}}^2\right\}$$

$$= -\frac{2\pi i}{h}\left[\tilde{\boldsymbol{p}}^2, H(\tilde{\boldsymbol{p}}, \tilde{\boldsymbol{q}})\right]$$

となって、$g(\tilde{\boldsymbol{p}},\tilde{\boldsymbol{q}}) = \tilde{\boldsymbol{p}}^2$ に対してハイゼンベルクの運動方程式が成立することが確認できる。

以上のように

$$g(\tilde{\boldsymbol{p}}, \tilde{\boldsymbol{q}}) = \tilde{\boldsymbol{p}} + \tilde{\boldsymbol{q}}\ ,\quad g(\tilde{\boldsymbol{p}},\tilde{\boldsymbol{q}}) = \tilde{\boldsymbol{p}}\tilde{\boldsymbol{q}}\ ,\quad g(\tilde{\boldsymbol{p}},\tilde{\boldsymbol{q}}) = \tilde{\boldsymbol{p}}^2$$

の場合にハイゼンベルクの運動方程式が成立することを示した。同様にして、任意の関数 $g(\tilde{\boldsymbol{p}},\tilde{\boldsymbol{q}})$ に対して、この方程式が成立する。

5.5.　行列力学の正当性

5.5.1.　エネルギー保存の法則

ハイゼンベルクの運動方程式

$$\frac{d\,g(\tilde{\boldsymbol{p}}, \tilde{\boldsymbol{q}})}{dt} = -\frac{2\pi i}{h}\left[g(\tilde{\boldsymbol{p}}, \tilde{\boldsymbol{q}}), H(\tilde{\boldsymbol{p}}, \tilde{\boldsymbol{q}})\right]$$

を利用するとエネルギー保存の法則を確かめることができる。

演習 5-12　任意の関数である $g(\tilde{\boldsymbol{p}},\tilde{\boldsymbol{q}})$ としてハミルトニアン $H(\tilde{\boldsymbol{p}},\tilde{\boldsymbol{q}})$ を採用した場合のハイゼンベルクの運動方程式を求めよ。

解）　このとき、ハイゼンベルクの運動方程式は

$$\frac{dH(\tilde{\boldsymbol{p}},\tilde{\boldsymbol{q}})}{dt}=-\frac{2\pi i}{h}\left[H(\tilde{\boldsymbol{p}},\tilde{\boldsymbol{q}}),\ H(\tilde{\boldsymbol{p}},\tilde{\boldsymbol{q}})\right]$$

となる。ここで

$$\left[H(\tilde{\boldsymbol{p}},\tilde{\boldsymbol{q}}),H(\tilde{\boldsymbol{p}},\tilde{\boldsymbol{q}})\right]=H(\tilde{\boldsymbol{p}},\tilde{\boldsymbol{q}})H(\tilde{\boldsymbol{p}},\tilde{\boldsymbol{q}})-H(\tilde{\boldsymbol{p}},\tilde{\boldsymbol{q}})H(\tilde{\boldsymbol{p}},\tilde{\boldsymbol{q}})=0$$

であるから

$$\frac{dH(\tilde{\boldsymbol{p}},\tilde{\boldsymbol{q}})}{dt}=0$$

となる。

この結果から、ハミルトニアンの時間微分はゼロとなることがわかる。これは、ハミルトニアンが時間的に変化しない保存量となることを示している。

ところで、ハミルトニアンは系の全エネルギーに相当するので、この結果は、**エネルギー保存の法則** (Law of conservation of energy) が成立することを示していることになる。

5. 5. 2.　ハミルトニアンに対応した行列

ハミルトニアンに対応した行列を一般形で書くと

$$\tilde{\boldsymbol{H}}=\begin{pmatrix} H_{11} & H_{12}\exp(i\omega_{12}t) & H_{13}\exp(i\omega_{13}t) & \cdots \\ H_{21}\exp(i\omega_{21}t) & H_{22} & H_{23}\exp(i\omega_{23}t) & \cdots \\ H_{31}\exp(i\omega_{31}t) & H_{32}\exp(i\omega_{32}t) & H_{33} & \\ \vdots & \vdots & & \ddots \end{pmatrix}$$

となるが、これが時間に依存しないのであるから、時間依存項を含む非対角成分はすべて 0 になり

$$\tilde{\boldsymbol{H}} = \begin{pmatrix} H_{11} & 0 & 0 & \cdots \\ 0 & H_{22} & 0 & \cdots \\ 0 & 0 & H_{33} & \\ \vdots & \vdots & & \ddots \end{pmatrix}$$

のような対角行列となるはずである。

実は、この対角要素は、各軌道のエネルギーに対応し

$$\tilde{\boldsymbol{H}} = \begin{pmatrix} E_1 & 0 & 0 & \cdots \\ 0 & E_2 & 0 & \cdots \\ 0 & 0 & E_3 & \\ \vdots & \vdots & & \ddots \end{pmatrix}$$

と書くことができる。

たとえばハミルトニアンに対応した行列の (n, n) 成分の H_{nn} は第 n 軌道から第 n 軌道への遷移に対応するが、これは遷移せずに第 n 軌道にとどまっているときのエネルギーに相当する。それは、まさに第 n 軌道のエネルギー E_n となる。

ハミルトニアンに対応した行列の成分は**クロネッカーデルタ** (Kronecker delta) : δ を使うと

$$H_{nm} = H_{nm}\,\delta_{nm} = E_n\,\delta_{nm}$$

と書くこともできる。

ただし、クロネッカーデルタには

$$\begin{cases} \delta_{nm} = 1 & (n = m) \\ \delta_{nm} = 0 & (n \neq m) \end{cases}$$

という性質がある。

5. 5. 3.　ボーアの振動数関係

ハイゼンベルクの運動方程式を再び見てみよう。

$$\frac{d\,g(\tilde{\boldsymbol{p}}, \tilde{\boldsymbol{q}})}{dt} = -\frac{2\pi i}{h}\left\{g(\tilde{\boldsymbol{p}}, \tilde{\boldsymbol{q}})H(\tilde{\boldsymbol{p}}, \tilde{\boldsymbol{q}}) - H(\tilde{\boldsymbol{p}}, \tilde{\boldsymbol{q}})g(\tilde{\boldsymbol{p}}, \tilde{\boldsymbol{q}})\right\}$$

$$= -\frac{2\pi i}{h}\left[g(\tilde{\boldsymbol{p}}, \tilde{\boldsymbol{q}}), H(\tilde{\boldsymbol{p}}, \tilde{\boldsymbol{q}})\right]$$

ここで、 $g(\tilde{\boldsymbol{p}}, \tilde{\boldsymbol{q}})$ は、 $\tilde{\boldsymbol{p}}$ および $\tilde{\boldsymbol{q}}$ の任意の関数であるが、当然、行列となる。そ

こで

$$\tilde{\boldsymbol{g}} = \begin{pmatrix} G_{11} & G_{12}\exp(i\omega_{12}t) & G_{13}\exp(i\omega_{13}t) & \cdots \\ G_{21}\exp(i\omega_{21}t) & G_{22} & G_{23}\exp(i\omega_{23}t) & \cdots \\ G_{31}\exp(i\omega_{31}t) & G_{32}\exp(i\omega_{32}t) & G_{33} & \\ \vdots & \vdots & & \ddots \end{pmatrix}$$

と置いてみる。

つまり、成分表示で書けば

$$g_{nm} = G_{nm}\exp(i\omega_{nm}t)$$

となる。すると、その微分は

$$\frac{dg_{nm}}{dt} = i\omega_{nm}G_{nm}\exp(i\omega_{nm}t)$$

と与えられる。つぎに

$$g(\tilde{\boldsymbol{p}}, \tilde{\boldsymbol{q}})H(\tilde{\boldsymbol{p}}, \tilde{\boldsymbol{q}}) - H(\tilde{\boldsymbol{p}}, \tilde{\boldsymbol{q}})g(\tilde{\boldsymbol{p}}, \tilde{\boldsymbol{q}})$$

という行列の (n, m) 成分は

$$\sum_k g_{nk}H_{km} - \sum_k H_{nk}g_{km}$$

と書けるが、ハミルトニアンに対応した行列は対角行列であるから、項として残るのは

$$g_{nm}H_{mm} - H_{nn}g_{nm}$$

の 2 項だけとなる。

この式を変形すると

$$g_{nm}H_{mm} - H_{nn}g_{nm} = g_{nm}(E_m - E_n) = G_{nm}\exp(i\omega_{nm}t)(E_m - E_n)$$

となる。

ハイゼンベルクの運動方程式に、それぞれの計算結果を代入すると

$$i\omega_{nm}G_{nm}\exp(i\omega_{nm}t) = -\frac{2\pi i}{h}G_{nm}\left\{\exp(i\omega_{nm}t)\right\}(E_m - E_n)$$

という関係が成立する。よって

$$\omega_{nm} = \frac{2\pi}{h}(E_n - E_m) = \frac{E_n - E_m}{\hbar}$$

あるいは

$$E_n - E_m = \hbar\omega_{nm}$$

となり、ボーアの振動数関係が導かれることになる。

5.6.　まとめ

以上のように、物理量が行列となる新しい量子の力学、つまり行列力学においても、正準交換関係を利用すれば、行列演算が問題なく行えることが明らかとなった。しかも、そこで成立する結果が解析力学の定式と整合性がとれていることがわかったのである。（このため、量子力学の基礎は解析力学と言われている。）

かくして、ボルンたちは自分たちが建設しているミクロ量子の新しい力学である行列力学が間違っていなかったことを確信するのである。

第 6 章　行列力学の成功

調和振動子の行列力学

新しい量子力学の物理量は行列として表現される。そして、行列計算では、交換関係が成立しないという制約があるが、その場合でも、正準交換関係を利用することで、行列演算を実行できることが明らかとなった。

さらに、解析力学で定式化されている関係が行列力学でも成立することもわかったのである。しかし、形式が整っているだけでは意味がない。この力学を実践に応用して、物理現象をうまく説明できるかどうかが重要となる。

そこで、本章では、行列力学の適用が成功を収めた単振動の解析を紹介する。手順としては、まず、単振動に対応した位置行列である

$$\tilde{\boldsymbol{q}} = \begin{pmatrix} q_{11} & q_{12} & q_{13} & \cdots \\ q_{21} & q_{22} & q_{23} & \cdots \\ q_{31} & q_{32} & q_{33} & \cdots \\ \vdots & \vdots & \vdots & \ddots \end{pmatrix}$$

をつくる。

そして、これを足掛かりに、運動量行列 $\tilde{\boldsymbol{p}}$ を求め、それが正準交換関係や、単振動のエネルギーなどの物理現象をうまく説明できるかどうかを検証していくのである。

6. 1.　単振動に対応した行列

一般には、位置行列の (n, m) 成分は

$$q_{nm} = Q_{nm} \exp(i\omega_{nm} t)$$

と与えられる。Q_{nm} が振幅、$\exp(i\omega_{nm}t)$ が振動項に相当する。

第 3 章で求めたように角振動数 ω で単振動（等速円運動）する電子波の第 n 軌道における表式は

$$q_n(t) = Q(n,1)\exp\left\{i\omega(n,1)t\right\} + Q(n,-1)\exp\left\{i\omega(n,-1)t)\right\}$$

$$= Q(n,1)\exp(i\omega t) + Q(n,-1)\exp(-i\omega t)$$

となる。電子軌道の遷移ということを明記すれば

$$q_n(t) = Q(n \to n-1)\exp(i\omega t) + Q(n \to n+1)\exp(-i\omega t)$$

と書ける。

これら 2 項は、行列成分としては $(n, n-1)$ 成分 と $(n, n+1)$ 成分に対応する。このとき、第 3 章で求めたように、$(n, n-1)$ 成分の振幅項は

$$Q(n \to n-1) = \sqrt{\frac{nh}{4\pi m\omega}} = \sqrt{n}\sqrt{\frac{h}{4\pi m\omega}}$$

と与えられるのであった。

具体的な成分で考えると、 (2, 1) 成分は

$$q_{21} = Q_{21}\exp(i\omega_{21}t) = Q(2 \to 1)\exp(i\omega t)$$

となる。

この成分は、第 2 軌道にある電子が第 1 軌道に遷移する際に、$E = \hbar\omega$ のエネルギーに相当する電磁波（光）を放出することを意味している。

一方、第 2 軌道には (2, 3) 成分もあり

$$q_{23} = Q_{23}\exp(i\omega_{23}t) = Q(2 \to 3)\exp(-i\omega t)$$

となる。

この成分は、第 2 軌道にある電子が第 3 軌道に遷移する際に、$E = \hbar\omega$ のエネルギーに相当する電磁波（光）を吸収することを意味している。よって $-\omega$ となる。

ここで、角振動数 ω の単振動の場合には

$$\omega_{n(n-1)} = \omega$$

となるが、$m = n$ の場合、つまり (n, n) 成分では、遷移がないので

$$\omega_{nn} = 0$$

となる。原子内において、電子が定常状態にあるときには、電磁波が放出されないことに対応している。よって、遷移に注目すると $Q(n, n) = 0$ となるのである [16]。

[16] (n, n) 成分は定常状態であるから、電子波は存在するはずである。単純に $\omega_{nn} = 0$ としてよいかどうかには議論があるだろう。ただし、遷移だけに注目すれば、その成分は 0 となるのである。

したがって、単振動における位置行列の対角成分は、すべて 0 と置いてよいことになる。また

$$\omega_{n(n+1)} = -\omega$$

となる。これは、エネルギー準位の高い軌道への遷移に相当するから、電子は光のエネルギーを吸収する。いわゆる励起状態への遷移となる。

ここで、 $(n, n-1)$ 成分の式に $n=1$ を代入してみよう。すると

$$q_{10} = Q(1 \to 0)\exp(i\omega_{10}t) = \sqrt{1}\sqrt{\frac{h}{4\pi m\omega}}\exp(i\omega t)$$

となる。

この項は、そのまま読み取れば、第 1 軌道から第 0 軌道への遷移に対応している。第 0 軌道があるということは、少し奇妙に思えるが、単振動の場合には第 0 軌道を**基底状態** (ground state) とみなしている。つまり、エネルギー最小の状態に相当する。

その結果、位置行列は、変則的であるが

$$\tilde{\boldsymbol{q}} = \begin{pmatrix} q_{00} & q_{01} & q_{02} & \cdots \\ q_{10} & q_{11} & q_{12} & \cdots \\ q_{20} & q_{21} & q_{22} & \cdots \\ \vdots & \vdots & \vdots & \ddots \end{pmatrix}$$

のように、基底状態である 0 行 0 列が存在する行列を考えることになる。

このとき、位置行列における $(1, 0)$ 成分は

$$q_{10} = \sqrt{1}\sqrt{\frac{h}{4\pi m\omega}}\exp(i\omega t)$$

となる。

そして、複素共役の q_{01} 成分は

$$q_{01} = \sqrt{1}\sqrt{\frac{h}{4\pi m\omega}}\exp(-i\omega t)$$

となる。これは、すでに紹介したように、基底状態から第 1 軌道に励起するためには $E = \hbar\omega$ のエネルギーを吸収する必要があることに対応している。つまり、吸光スペクトルである。

つぎに、$(n, n-1)$ 成分の式に $n = 2$ を代入すると

$$Q(2 \to 1) = Q_{21} = \sqrt{2}\sqrt{\frac{h}{4\pi m\omega}}$$

となり、行列の成分は

$$q_{21} = \sqrt{2}\sqrt{\frac{h}{4\pi m\omega}}\exp(i\omega t)$$

となる。$(n\,,n+1)$ 成分の式に $n=1$ を代入すると

$$Q(1 \to 2) = q_{12} = \sqrt{2}\sqrt{\frac{h}{4\pi m\omega}}\exp(-i\omega t)$$

となる。

同様にして、$n=2$ の場合には

$$Q(3 \to 2) = q_{32} = \sqrt{3}\sqrt{\frac{h}{4\pi m\omega}}\exp(i\omega t)$$

から

$$q_{32} = \sqrt{3}\sqrt{\frac{h}{4\pi m\omega}}\exp(i\omega t) \qquad q_{23} = \sqrt{3}\sqrt{\frac{h}{4\pi m\omega}}\exp(-i\omega t)$$

という行列の成分が得られる。

以上を反映させると、単振動に対応した位置行列 $\tilde{\boldsymbol{q}}$ は

$$\tilde{\boldsymbol{q}} = \begin{pmatrix} q_{00} & q_{01} & q_{02} & \cdots \\ q_{10} & q_{11} & q_{12} & \cdots \\ q_{20} & q_{21} & q_{22} & \cdots \\ \vdots & \vdots & \vdots & \ddots \end{pmatrix}$$

$$= A\begin{pmatrix} 0 & \sqrt{1}\exp(-i\omega t) & 0 & 0 & \cdots \\ \sqrt{1}\exp(i\omega t) & 0 & \sqrt{2}\exp(-i\omega t) & 0 & \cdots \\ 0 & \sqrt{2}\exp(i\omega t) & 0 & \sqrt{3}\exp(-i\omega t) & \cdots \\ 0 & 0 & \sqrt{3}\exp(i\omega t) & 0 & \cdots \\ 0 & 0 & 0 & \sqrt{4}\exp(i\omega t) & \\ \vdots & \vdots & \vdots & & \ddots \end{pmatrix}$$

と与えられることになる。

ただし、定数項の A は

$$A = \sqrt{\frac{h}{4\pi m\omega}}$$

となる。この行列は、$q_{nm}=q_{mn}^*$ と複素共役の関係にあり、共役転置がそれ自身となるエルミート行列となっていることがわかる。

> **演習 6-1**　行列 $\tilde{\boldsymbol{q}}$ が、単振動の運動方程式を満足するかどうかを確かめよ。

解)　単振動の運動方程式は

$$\frac{d^2\tilde{\boldsymbol{q}}}{dt^2}+\omega^2\tilde{\boldsymbol{q}}=0$$

であった。

ここで $d\tilde{\boldsymbol{q}}/dt$ は

$$\frac{d\tilde{\boldsymbol{q}}}{dt}=i\omega A\begin{pmatrix} 0 & -\sqrt{1}\exp(-i\omega t) & 0 & 0 & \cdots \\ \sqrt{1}\exp(i\omega t) & 0 & -\sqrt{2}\exp(-i\omega t) & 0 & \cdots \\ 0 & \sqrt{2}\exp(i\omega t) & 0 & -\sqrt{3}\exp(-i\omega t) & \cdots \\ 0 & 0 & \sqrt{3}\exp(i\omega t) & 0 & \cdots \\ 0 & 0 & 0 & \sqrt{4}\exp(i\omega t) & \\ \vdots & \vdots & \vdots & & \ddots \end{pmatrix}$$

から

$$\frac{d^2\tilde{\boldsymbol{q}}}{dt^2}=-A\omega^2\begin{pmatrix} 0 & \sqrt{1}\exp(-i\omega t) & 0 & 0 & \cdots \\ \sqrt{1}\exp(i\omega t) & 0 & \sqrt{2}\exp(-i\omega t) & 0 & \cdots \\ 0 & \sqrt{2}\exp(i\omega t) & 0 & \sqrt{3}\exp(-i\omega t) & \cdots \\ 0 & 0 & \sqrt{3}\exp(i\omega t) & 0 & \cdots \\ 0 & 0 & 0 & \sqrt{4}\exp(i\omega t) & \\ \vdots & \vdots & \vdots & & \ddots \end{pmatrix}$$

となる。また

$$\omega^2\tilde{\boldsymbol{q}}=A\omega^2\begin{pmatrix} 0 & \sqrt{1}\exp(-i\omega t) & 0 & 0 & \cdots \\ \sqrt{1}\exp(i\omega t) & 0 & \sqrt{2}\exp(-i\omega t) & 0 & \cdots \\ 0 & \sqrt{2}\exp(i\omega t) & 0 & \sqrt{3}\exp(-i\omega t) & \cdots \\ 0 & 0 & \sqrt{3}\exp(i\omega t) & 0 & \cdots \\ 0 & 0 & 0 & \sqrt{4}\exp(i\omega t) & \\ \vdots & \vdots & \vdots & & \ddots \end{pmatrix}$$

であるから、行列 $\tilde{\boldsymbol{q}}$ が、単振動の運動方程式である

$$\frac{d^2\tilde{\boldsymbol{q}}}{dt^2}+\omega^2\tilde{\boldsymbol{q}}=0$$

を満足することがわかる。

つぎに、運動量に対応した行列は、質量を m とすれば

$$\tilde{\boldsymbol{p}}=m\frac{d\tilde{\boldsymbol{q}}}{dt}$$

から

$$\tilde{\boldsymbol{p}}=\begin{pmatrix} p_{00} & p_{01} & p_{02} & \cdots \\ p_{10} & p_{11} & p_{12} & \cdots \\ p_{20} & p_{21} & p_{22} & \cdots \\ \vdots & \vdots & \vdots & \ddots \end{pmatrix}$$

$$=i\omega mA\begin{pmatrix} 0 & -\sqrt{1}\exp(-i\omega t) & 0 & 0 & \cdots \\ \sqrt{1}\exp(i\omega t) & 0 & -\sqrt{2}\exp(-i\omega t) & 0 & \cdots \\ 0 & \sqrt{2}\exp(i\omega t) & 0 & -\sqrt{3}\exp(-i\omega t) & \cdots \\ 0 & 0 & \sqrt{3}\exp(i\omega t) & 0 & \cdots \\ 0 & 0 & 0 & \sqrt{4}\exp(i\omega t) & \\ \vdots & \vdots & \vdots & & \ddots \end{pmatrix}$$

となる。

6. 2.　正準交換関係

それでは、いま求めた行列において、正準交換関係

$$[\tilde{\boldsymbol{p}},\ \tilde{\boldsymbol{q}}]=\tilde{\boldsymbol{p}}\tilde{\boldsymbol{q}}-\tilde{\boldsymbol{q}}\tilde{\boldsymbol{p}}=\frac{h}{2\pi i}\tilde{\boldsymbol{E}}$$

が成立するかどうかを確かめてみよう。

位置行列は

$$
\tilde{\boldsymbol{q}} = A\begin{pmatrix} 0 & \sqrt{1}\exp(-i\omega t) & 0 & 0 & \cdots \\ \sqrt{1}\exp(i\omega t) & 0 & \sqrt{2}\exp(-i\omega t) & 0 & \cdots \\ 0 & \sqrt{2}\exp(i\omega t) & 0 & \sqrt{3}\exp(-i\omega t) & \cdots \\ 0 & 0 & \sqrt{3}\exp(i\omega t) & 0 & \cdots \\ 0 & 0 & 0 & \sqrt{4}\exp(i\omega t) & \\ \vdots & \vdots & \vdots & & \ddots \end{pmatrix}
$$

運動量行列は

$$
\tilde{\boldsymbol{p}} = i\omega mA\begin{pmatrix} 0 & -\sqrt{1}\exp(-i\omega t) & 0 & 0 & \cdots \\ \sqrt{1}\exp(i\omega t) & 0 & -\sqrt{2}\exp(-i\omega t) & 0 & \cdots \\ 0 & \sqrt{2}\exp(i\omega t) & 0 & -\sqrt{3}\exp(-i\omega t) & \cdots \\ 0 & 0 & \sqrt{3}\exp(i\omega t) & 0 & \cdots \\ 0 & 0 & 0 & \sqrt{4}\exp(i\omega t) & \\ \vdots & \vdots & \vdots & & \ddots \end{pmatrix}
$$

である。

ここで、単振動の場合には、0 行ならびに 0 列が存在するので、今後の計算のために、行列の成分を再確認しておくと

$$
\begin{pmatrix} (0,0) & (0,1) & (0,2) & \cdots \\ (1,0) & (1,1) & (1,2) & \cdots \\ (2,0) & (2,1) & (2,2) & \cdots \\ \vdots & \vdots & \vdots & \ddots \end{pmatrix}
$$

となる。

演習 6-2　行列 $\tilde{\boldsymbol{p}}\,\tilde{\boldsymbol{q}}$ の (0, 0) 成分ならびに (0, 1) 成分を求めよ。

解）　行列 $\tilde{\boldsymbol{p}}\tilde{\boldsymbol{q}}$ の (0, 0) 成分は

$$
(\tilde{\boldsymbol{p}}\tilde{\boldsymbol{q}})_{00} = \sum_{k=0}^{\infty} p_{0k}\, q_{k0}
$$

という和で与えられる。ここで、k は 0 から ∞ までの値をとることができるが、和の成分として値を有するのは $k=1$ のときのみであり

$$p_{01} = -i\omega mA\sqrt{1}\exp(-i\omega t) \qquad q_{10} = A\sqrt{1}\exp(i\omega t)$$

であるから

$$p_{01}\,q_{10} = -i\omega mA\sqrt{1}\exp(-i\omega t)\cdot A\sqrt{1}\exp(i\omega t) = -i\omega mA^2$$

となる。したがって、(0, 0) 成分は

$$(\tilde{\boldsymbol{p}}\tilde{\boldsymbol{q}})_{00} = -i\omega mA^2$$

となる。

つぎに (0, 1) 成分は

$$(\tilde{\boldsymbol{p}}\tilde{\boldsymbol{q}})_{01} = \sum_{k=0}^{\infty} p_{0k}\,q_{k1} = 0$$

のように和をとる成分はすべて 0 となるので、その値は 0 となる。

以上のように、行列の掛け算のルールに則り計算すれば、すべての成分が計算できる。また、無限行無限列の行列ではあるが、掛け算の結果残る項は限られている。

演習 6-3　行列 $\tilde{\boldsymbol{p}}\,\tilde{\boldsymbol{q}}$ を計算せよ。

解） (0, 0) ならびに (0, 1) 成分を計算したのと同じ要領で計算を進めていけばよい。ここで (0, 2) 成分を求めてみよう。このとき

$$(\tilde{\boldsymbol{p}}\tilde{\boldsymbol{q}})_{02} = \sum_{k=0}^{\infty} p_{0k}\,q_{k2}$$

となるが、この和の成分で 0 とならないのは $k=1$ のときのみであり

$$\sum_{k=0}^{\infty} p_{0k}\,q_{k2} = p_{01}\,q_{12}$$

となる。ここで

$$p_{01} = -i\omega mA\sqrt{1}\exp(-i\omega t) \qquad q_{12} = A\sqrt{2}\exp(-i\omega t)$$

から

$$p_{01}\,q_{12} = -i\omega mA\sqrt{1}\exp(-i\omega t)\cdot A\sqrt{2}\exp(-i\omega t) = -i\omega mA^2\sqrt{2}\sqrt{1}\exp(-i2\omega t)$$

となる。

つぎに (1, 1) 成分は

$$(\tilde{\boldsymbol{p}}\tilde{\boldsymbol{q}})_{11} = \sum_{k=0}^{\infty} p_{1k}\,q_{k1} = p_{10}\,q_{01} + p_{12}\,q_{21}$$

のように 2 項の和となる。ここで

$$p_{10} = i\omega mA\sqrt{1}\exp(i\omega t), \qquad q_{01} = A\sqrt{1}\exp(-i\omega t)$$

$$p_{12} = -i\omega mA\sqrt{2}\exp(-i\omega t), \qquad q_{21} = A\sqrt{2}\exp(i\omega t)$$

であるから

$$(\tilde{\boldsymbol{p}}\tilde{\boldsymbol{q}})_{11} = p_{10}\,q_{01} + p_{12}\,q_{21}$$
$$= i\omega mA\sqrt{1}\exp(i\omega t)\cdot A\sqrt{1}\exp(-i\omega t) + \{-i\omega mA\sqrt{2}\exp(-i\omega t)\}\cdot A\sqrt{2}\exp(i\omega t)$$
$$= i\omega mA^2(1-2)$$

となる。

つぎに (2, 0) 成分を求めてみよう。

$$(\tilde{\boldsymbol{p}}\tilde{\boldsymbol{q}})_{20} = \sum_{k=0}^{\infty} p_{2k}\,q_{k0}$$

となるが、この和の成分で 0 とならないのは $k=1$ のときのみであり

$$\sum_{k=0}^{\infty} p_{2k}\,q_{k0} = p_{21}\,q_{10}$$

となる。ここで

$$p_{21} = i\omega mA\sqrt{2}\exp(i\omega t) \qquad q_{10} = A\sqrt{1}\exp(i\omega t)$$

から

$$p_{21}\,q_{10} = i\omega mA\sqrt{2}\exp(i\omega t)\cdot A\sqrt{1}\exp(i\omega t) = i\omega mA^2\sqrt{2}\sqrt{1}\exp(i2\omega t)$$

となる。

つぎに (1, 3) 成分を求めてみよう。すると

$$(\tilde{\boldsymbol{p}}\tilde{\boldsymbol{q}})_{13} = \sum_{k=0}^{\infty} p_{1k}\, q_{k3}$$

となるが、この和の成分で 0 とならないのは $k = 2$ のときのみであり

$$\sum_{k=0}^{\infty} p_{1k}\, q_{k3} = p_{12}\, q_{23}$$

となる。ここで

$$p_{12} = -i\omega mA\sqrt{2}\exp(-i\omega t) \qquad q_{23} = A\sqrt{3}\exp(-i\omega t)$$

から

$$p_{12}\, q_{23} = -i\omega mA\sqrt{2}\exp(-i\omega t)\cdot A\sqrt{3}\exp(-i\omega t) = -i\omega mA^2\sqrt{3}\sqrt{2}\exp(-i2\omega t)$$

となる。

　他の成分も同様に計算することができ、結局

$$\tilde{\boldsymbol{p}}\,\tilde{\boldsymbol{q}}$$

$$= i\omega mA^2 \begin{pmatrix} -1 & 0 & -\sqrt{2}\sqrt{1}\exp(-i2\omega t) & \cdots \\ 0 & 1-2 & 0 & -\sqrt{3}\sqrt{2}\exp(-i2\omega t) \\ \sqrt{2}\sqrt{1}\exp(i2\omega t) & 0 & 2-3 & 0 \\ \vdots & \sqrt{3}\sqrt{2}\exp(i2\omega t) & 0 & \ddots \end{pmatrix}$$

$$= i\omega mA^2 \begin{pmatrix} -1 & 0 & -\sqrt{2}\exp(-i2\omega t) & \cdots \\ 0 & -1 & 0 & -\sqrt{6}\exp(-i2\omega t) \\ \sqrt{2}\exp(i2\omega t) & 0 & -1 & 0 \\ \vdots & \sqrt{6}\exp(i2\omega t) & 0 & \ddots \end{pmatrix}$$

となる。

　この結果を見ると、行列 $\tilde{\boldsymbol{p}}\,\tilde{\boldsymbol{q}}$ の対角成分はすべて $-i\omega mA^2$ であり、さらにエルミート行列の性質を満足していることがわかる。

演習 6-4　行列 $\tilde{\boldsymbol{q}}\,\tilde{\boldsymbol{p}}$ を計算せよ。

解）　行列 $\tilde{\boldsymbol{p}}\,\tilde{\boldsymbol{q}}$ の成分を求めたのと同じ手法で計算を進めていけばよい。ここでは、いくつか代表的な成分の値を求めていく。

(0, 0) 成分は

$$(\tilde{\boldsymbol{q}}\,\tilde{\boldsymbol{p}})_{00}=\sum_{k=0}^{\infty}q_{0k}\,p_{k0}$$

という和で与えられる。ここで、和の成分として値を有するのは $k=1$ のときのみであり

$$q_{01}=A\sqrt{1}\exp(-i\omega t) \qquad p_{10}=i\omega mA\sqrt{1}\,\exp(i\omega t)$$

であるから

$$q_{01}\,p_{10}=A\sqrt{1}\exp(-i\omega t)\cdot i\omega mA\sqrt{1}\exp(i\omega t)=i\omega mA^2$$

となる。したがって、(0, 0) 成分は

$$(\tilde{\boldsymbol{q}}\,\tilde{\boldsymbol{p}})_{00}=i\omega mA^2$$

となる。

つぎに (1, 1) 成分は

$$\begin{aligned}(\tilde{\boldsymbol{q}}\,\tilde{\boldsymbol{p}})_{11}&=\sum_{k=0}^{\infty}q_{1k}\,p_{k1}=q_{10}p_{01}+q_{12}p_{21}\\&=A\sqrt{1}\exp(-i\omega t)\{-i\omega mA\sqrt{1}\exp(i\omega t)\}+A\sqrt{2}\exp(-i\omega t)\cdot i\omega mA\sqrt{2}\exp(i\omega t)\\&=i\,\omega\,m\,A^2\,(-1+2)\end{aligned}$$

となる。

つぎに (2, 0) 成分を求めてみよう。

$$(\tilde{\boldsymbol{q}}\,\tilde{\boldsymbol{p}})_{20}=\sum_{k=0}^{\infty}q_{2k}\,p_{k0}$$

となるが、この和の成分で 0 とならないのは $k=1$ のときのみであり

$$\sum_{k=0}^{\infty}q_{2k}\,p_{k0}=q_{21}\,p_{10}$$

となる。ここで

$$q_{21}=A\sqrt{2}\exp(i\omega t) \qquad p_{10}=i\omega mA\sqrt{1}\exp(i\omega t)$$

から

$$q_{21}\,p_{10} = A\sqrt{2}\exp(i\omega t)\cdot im\omega A\sqrt{1}\exp(i\omega t) = im\omega A^2\sqrt{2}\sqrt{1}\exp(i2\omega t)$$

となる。

つぎに (1, 3) 成分を求めてみよう。すると

$$(\tilde{\boldsymbol{q}}\,\tilde{\boldsymbol{p}})_{13} = \sum_{k=0}^{\infty} q_{1k}\,p_{k3}$$

となるが、この和の成分で 0 とならないのは $k=2$ のときのみであり

$$\sum_{k=0}^{\infty} q_{1k}\,p_{k3} = q_{12}p_{23}$$

となる。ここで

$$q_{12} = A\sqrt{2}\exp(-i\omega t) \qquad p_{23} = -i\omega mA\sqrt{3}\exp(-i\omega t)$$

から

$$q_{12}\,p_{23} = A\sqrt{2}\exp(-i\omega t)\{-i\omega mA\sqrt{3}\exp(-i\omega t)\} = -i\omega mA^2\sqrt{3}\sqrt{2}\exp(-i2\omega t)$$

となる。

他の成分も同様に計算することができ、結局

$$\tilde{\boldsymbol{q}}\,\tilde{\boldsymbol{p}}$$

$$= i\omega mA^2\begin{pmatrix} 1 & 0 & -\sqrt{2}\sqrt{1}\exp(-i2\omega t) & \cdots \\ 0 & -1+2 & 0 & -\sqrt{3}\sqrt{2}\exp(-i2\omega t) \\ \sqrt{2}\sqrt{1}\exp(i2\omega t) & 0 & -2+3 & 0 \\ \vdots & \sqrt{3}\sqrt{2}\exp(i2\omega t) & 0 & \ddots \end{pmatrix}$$

$$= i\omega mA^2\begin{pmatrix} 1 & 0 & -\sqrt{2}\exp(-i2\omega t) & \cdots \\ 0 & 1 & 0 & -\sqrt{6}\exp(-i2\omega t) \\ \sqrt{2}\exp(i2\omega t) & 0 & 1 & 0 \\ \vdots & \sqrt{6}\exp(i2\omega t) & 0 & \ddots \end{pmatrix}$$

と計算できる。

演習 6-5　単振動に対応した行列 $\tilde{\boldsymbol{p}}$ と $\tilde{\boldsymbol{q}}$ において、正準交換関係

$$[\tilde{\boldsymbol{p}}, \tilde{\boldsymbol{q}}] = \tilde{\boldsymbol{p}}\tilde{\boldsymbol{q}} - \tilde{\boldsymbol{q}}\tilde{\boldsymbol{p}} = \frac{h}{2\pi i}\tilde{\boldsymbol{E}}$$

が成立するかどうかを確かめよ。

解）　得られた $\tilde{\boldsymbol{p}}\tilde{\boldsymbol{q}}$ ならびに $\tilde{\boldsymbol{q}}\tilde{\boldsymbol{p}}$ の計算結果を代入すると

$$\tilde{\boldsymbol{p}}\tilde{\boldsymbol{q}} - \tilde{\boldsymbol{q}}\tilde{\boldsymbol{p}} = i\omega m A^2 \begin{pmatrix} -2 & 0 & 0 & 0 & 0 & \cdots \\ 0 & -2 & 0 & 0 & 0 & \cdots \\ 0 & 0 & -2 & 0 & 0 & \cdots \\ 0 & 0 & 0 & -2 & 0 & \cdots \\ 0 & 0 & 0 & 0 & -2 & \\ \vdots & \vdots & \vdots & \vdots & & \ddots \end{pmatrix} = -i2\omega m A^2 \begin{pmatrix} 1 & 0 & 0 & 0 & 0 & \cdots \\ 0 & 1 & 0 & 0 & 0 & \cdots \\ 0 & 0 & 1 & 0 & 0 & \cdots \\ 0 & 0 & 0 & 1 & 0 & \cdots \\ 0 & 0 & 0 & 0 & 1 & \\ \vdots & \vdots & \vdots & \vdots & & \ddots \end{pmatrix}$$

となる。ここで、$A^2 = \dfrac{h}{4\pi m\omega}$ であるから

$$\tilde{\boldsymbol{p}}\tilde{\boldsymbol{q}} - \tilde{\boldsymbol{q}}\tilde{\boldsymbol{p}} = -i\frac{h}{2\pi} \begin{pmatrix} 1 & 0 & 0 & 0 & 0 & \cdots \\ 0 & 1 & 0 & 0 & 0 & \cdots \\ 0 & 0 & 1 & 0 & 0 & \cdots \\ 0 & 0 & 0 & 1 & 0 & \cdots \\ 0 & 0 & 0 & 0 & 1 & \\ \vdots & \vdots & \vdots & \vdots & & \ddots \end{pmatrix} = \frac{h}{2\pi i}\tilde{\boldsymbol{E}}$$

となるので、正準交換関係を満足することがわかる。

行列力学では、時間項を除いた振幅項の $\tilde{\boldsymbol{P}}, \tilde{\boldsymbol{Q}}$ においても、正準交換関係が成立するはずである。それを確かめてみよう。ここでは

$$\tilde{\boldsymbol{Q}} = A \begin{pmatrix} 0 & \sqrt{1} & 0 & 0 & 0 & \cdots \\ \sqrt{1} & 0 & \sqrt{2} & 0 & 0 & \cdots \\ 0 & \sqrt{2} & 0 & \sqrt{3} & 0 & \cdots \\ 0 & 0 & \sqrt{3} & 0 & \sqrt{4} & \cdots \\ 0 & 0 & 0 & \sqrt{4} & 0 & \\ \vdots & \vdots & \vdots & \vdots & & \ddots \end{pmatrix}$$

$$\tilde{\boldsymbol{P}} = i\omega mA\begin{pmatrix} 0 & -\sqrt{1} & 0 & 0 & 0 & \cdots \\ \sqrt{1} & 0 & -\sqrt{2} & 0 & 0 & \cdots \\ 0 & \sqrt{2} & 0 & -\sqrt{3} & 0 & \cdots \\ 0 & 0 & \sqrt{3} & 0 & -\sqrt{4} & \cdots \\ 0 & 0 & 0 & \sqrt{4} & 0 & \\ \vdots & \vdots & \vdots & \vdots & & \ddots \end{pmatrix}$$

となる。

演習 6-6　行列 $\tilde{\boldsymbol{P}}, \tilde{\boldsymbol{Q}}$ が正準交換関係を満足するかどうかを確かめよ。

解）

$$\tilde{\boldsymbol{P}}\tilde{\boldsymbol{Q}} = i\omega mA^2\begin{pmatrix} 0 & -\sqrt{1} & 0 & 0 & 0 & \cdots \\ \sqrt{1} & 0 & -\sqrt{2} & 0 & 0 & \cdots \\ 0 & \sqrt{2} & 0 & -\sqrt{3} & 0 & \cdots \\ 0 & 0 & \sqrt{3} & 0 & -\sqrt{4} & \cdots \\ 0 & 0 & 0 & \sqrt{4} & 0 & \\ \vdots & \vdots & \vdots & \vdots & & \ddots \end{pmatrix}\begin{pmatrix} 0 & \sqrt{1} & 0 & 0 & 0 & \cdots \\ \sqrt{1} & 0 & \sqrt{2} & 0 & 0 & \cdots \\ 0 & \sqrt{2} & 0 & \sqrt{3} & 0 & \cdots \\ 0 & 0 & \sqrt{3} & 0 & \sqrt{4} & \cdots \\ 0 & 0 & 0 & \sqrt{4} & 0 & \\ \vdots & \vdots & \vdots & \vdots & & \ddots \end{pmatrix}$$

$$= i\omega mA^2\begin{pmatrix} -1 & 0 & -\sqrt{2}\sqrt{1} & 0 & 0 & \cdots \\ 0 & 1-2 & 0 & -\sqrt{3}\sqrt{2} & 0 & \cdots \\ \sqrt{2}\sqrt{1} & 0 & 2-3 & 0 & -\sqrt{4}\sqrt{3} & \cdots \\ 0 & \sqrt{3}\sqrt{2} & 0 & 3-4 & 0 & \cdots \\ 0 & 0 & \sqrt{4}\sqrt{3} & 0 & 4- & \\ \vdots & \vdots & \vdots & \vdots & & \ddots \end{pmatrix}$$

となる。つぎに

$$\tilde{\boldsymbol{Q}}\,\tilde{\boldsymbol{P}} = i\omega mA^2 \begin{pmatrix} 0 & \sqrt{1} & 0 & 0 & 0 & \cdots \\ \sqrt{1} & 0 & \sqrt{2} & 0 & 0 & \cdots \\ 0 & \sqrt{2} & 0 & \sqrt{3} & 0 & \cdots \\ 0 & 0 & \sqrt{3} & 0 & \sqrt{4} & \cdots \\ 0 & 0 & 0 & \sqrt{4} & 0 & \\ \vdots & \vdots & \vdots & \vdots & & \ddots \end{pmatrix} \begin{pmatrix} 0 & -\sqrt{1} & 0 & 0 & 0 & \cdots \\ \sqrt{1} & 0 & -\sqrt{2} & 0 & 0 & \cdots \\ 0 & \sqrt{2} & 0 & -\sqrt{3} & 0 & \cdots \\ 0 & 0 & \sqrt{3} & 0 & -\sqrt{4} & \cdots \\ 0 & 0 & 0 & \sqrt{4} & 0 & \\ \vdots & \vdots & \vdots & \vdots & & \ddots \end{pmatrix}$$

$$= i\omega mA^2 \begin{pmatrix} 1 & 0 & -\sqrt{2}\sqrt{1} & 0 & 0 & \cdots \\ 0 & -1+2 & 0 & -\sqrt{3}\sqrt{2} & 0 & \cdots \\ \sqrt{2}\sqrt{1} & 0 & -2+3 & 0 & -\sqrt{4}\sqrt{3} & \cdots \\ 0 & \sqrt{3}\sqrt{2} & 0 & -3+4 & 0 & \cdots \\ 0 & 0 & \sqrt{4}\sqrt{3} & 0 & -4+5 & \\ \vdots & \vdots & \vdots & \vdots & & \ddots \end{pmatrix}$$

よって

$$\tilde{\boldsymbol{P}}\tilde{\boldsymbol{Q}} - \tilde{\boldsymbol{Q}}\tilde{\boldsymbol{P}} = i\omega mA^2 \begin{pmatrix} -2 & 0 & 0 & 0 & 0 & \cdots \\ 0 & -2 & 0 & 0 & 0 & \cdots \\ 0 & 0 & -2 & 0 & 0 & \cdots \\ 0 & 0 & 0 & -2 & 0 & \cdots \\ 0 & 0 & 0 & 0 & -2 & \\ \vdots & \vdots & \vdots & \vdots & & \ddots \end{pmatrix} = -i2\omega mA^2 \begin{pmatrix} 1 & 0 & 0 & 0 & 0 & \cdots \\ 0 & 1 & 0 & 0 & 0 & \cdots \\ 0 & 0 & 1 & 0 & 0 & \cdots \\ 0 & 0 & 0 & 1 & 0 & \cdots \\ 0 & 0 & 0 & 0 & 1 & \\ \vdots & \vdots & \vdots & \vdots & & \ddots \end{pmatrix}$$

となり、$A^2 = \dfrac{h}{4\pi m\omega}$ であるから

$$\tilde{\boldsymbol{P}}\tilde{\boldsymbol{Q}} - \tilde{\boldsymbol{Q}}\tilde{\boldsymbol{P}} = -i\frac{h}{2\pi} \begin{pmatrix} 1 & 0 & 0 & 0 & 0 & \cdots \\ 0 & 1 & 0 & 0 & 0 & \cdots \\ 0 & 0 & 1 & 0 & 0 & \cdots \\ 0 & 0 & 0 & 1 & 0 & \cdots \\ 0 & 0 & 0 & 0 & 1 & \\ \vdots & \vdots & \vdots & \vdots & & \ddots \end{pmatrix} = \frac{h}{2\pi i}\tilde{\boldsymbol{E}}$$

となるので、正準交換関係を満足することがわかる。

そこで、つぎにエネルギーを求めてみよう。もし、行列力学のアプローチが正

しいとしたら、$\tilde{\boldsymbol{P}}, \tilde{\boldsymbol{Q}}$ をもとに、ハミルトニアンに対応した行列を求めれば、単振動のエネルギーが得られるはずである。

6. 3.　エネルギーに対応した行列

単振動に対応したエネルギー、すなわちハミルトニアンに対応した行列は

$$\tilde{\boldsymbol{H}} = \frac{\tilde{\boldsymbol{P}}^2}{2m} + \frac{1}{2}k\tilde{\boldsymbol{Q}}^2 = \frac{\tilde{\boldsymbol{P}}^2}{2m} + \frac{1}{2}m\omega^2\tilde{\boldsymbol{Q}}^2$$

と与えられる。

この式に、行列 $\tilde{\boldsymbol{P}}, \tilde{\boldsymbol{Q}}$ を代入すればエネルギーに対応した行列が得られるはずである。

演習 6-7　ハミルトニアンの運動エネルギーの成分に相当するで行列 $\tilde{\boldsymbol{P}}^2$ の値を求めよ。

解）

$$\tilde{\boldsymbol{P}} = i\omega mA\begin{pmatrix} 0 & -\sqrt{1} & 0 & 0 & 0 & \cdots \\ \sqrt{1} & 0 & -\sqrt{2} & 0 & 0 & \cdots \\ 0 & \sqrt{2} & 0 & -\sqrt{3} & 0 & \cdots \\ 0 & 0 & \sqrt{3} & 0 & -\sqrt{4} & \cdots \\ 0 & 0 & 0 & \sqrt{4} & 0 & \\ \vdots & \vdots & \vdots & \vdots & & \ddots \end{pmatrix}$$

であるから

$$\tilde{\boldsymbol{P}}^2 = -\omega^2 m^2 A^2\begin{pmatrix} 0 & -\sqrt{1} & 0 & 0 & \cdots \\ \sqrt{1} & 0 & -\sqrt{2} & 0 & \cdots \\ 0 & \sqrt{2} & 0 & -\sqrt{3} & \cdots \\ 0 & 0 & \sqrt{3} & 0 & \\ \vdots & \vdots & \vdots & & \ddots \end{pmatrix}\begin{pmatrix} 0 & -\sqrt{1} & 0 & 0 & \cdots \\ \sqrt{1} & 0 & -\sqrt{2} & 0 & \cdots \\ 0 & \sqrt{2} & 0 & -\sqrt{3} & \cdots \\ 0 & 0 & \sqrt{3} & 0 & \\ \vdots & \vdots & \vdots & & \ddots \end{pmatrix}$$

$$
=\omega^2 m^2 A^2 \begin{pmatrix} 1 & 0 & -\sqrt{1}\sqrt{2} & 0 & 0 & \cdots \\ 0 & 1+2 & 0 & -\sqrt{2}\sqrt{3} & 0 & \cdots \\ -\sqrt{1}\sqrt{2} & 0 & 2+3 & 0 & -\sqrt{3}\sqrt{4} & \cdots \\ 0 & -\sqrt{2}\sqrt{3} & 0 & 3+4 & 0 & \cdots \\ 0 & 0 & -\sqrt{3}\sqrt{4} & 0 & 4+5 & \cdots \\ 0 & 0 & 0 & -\sqrt{4}\sqrt{5} & 0 & \\ \vdots & \vdots & \vdots & \vdots & & \ddots \end{pmatrix}
$$

となる。

同様にして

$$
\tilde{\boldsymbol{Q}}^2 = A^2 \begin{pmatrix} 0 & \sqrt{1} & 0 & 0 & \cdots \\ \sqrt{1} & 0 & \sqrt{2} & 0 & \cdots \\ 0 & \sqrt{2} & 0 & \sqrt{3} & \cdots \\ 0 & 0 & \sqrt{3} & 0 & \\ \vdots & \vdots & \vdots & & \ddots \end{pmatrix} \begin{pmatrix} 0 & \sqrt{1} & 0 & 0 & \cdots \\ \sqrt{1} & 0 & \sqrt{2} & 0 & \cdots \\ 0 & \sqrt{2} & 0 & \sqrt{3} & \cdots \\ 0 & 0 & \sqrt{3} & 0 & \\ \vdots & \vdots & \vdots & & \ddots \end{pmatrix}
$$

$$
= A^2 \begin{pmatrix} 1 & 0 & \sqrt{1}\sqrt{2} & 0 & 0 & \cdots \\ 0 & 1+2 & 0 & \sqrt{2}\sqrt{3} & 0 & \cdots \\ \sqrt{1}\sqrt{2} & 0 & 2+3 & 0 & \sqrt{3}\sqrt{4} & \cdots \\ 0 & \sqrt{2}\sqrt{3} & 0 & 3+4 & 0 & \cdots \\ 0 & 0 & \sqrt{3}\sqrt{4} & 0 & 4+5 & \cdots \\ 0 & 0 & 0 & \sqrt{4}\sqrt{5} & 0 & \\ \vdots & \vdots & \vdots & \vdots & & \ddots \end{pmatrix}
$$

となる。

演習 6-8　単振動の全エネルギーに相当するつぎのハミルトン行列を求めよ。

$$
\tilde{\boldsymbol{H}} = \frac{\tilde{\boldsymbol{P}}^2}{2m} + \frac{1}{2} m\omega^2 \tilde{\boldsymbol{Q}}^2
$$

解）　行列 $\tilde{\boldsymbol{P}}^2$ ならびに $\tilde{\boldsymbol{Q}}^2$ を表記の式に代入すると

$$\tilde{\boldsymbol{H}} = \frac{1}{2}A^2 m\omega^2 \begin{pmatrix} 1 & 0 & -\sqrt{1}\sqrt{2} & 0 & 0 & \cdots \\ 0 & 1+2 & 0 & -\sqrt{2}\sqrt{3} & 0 & \cdots \\ -\sqrt{1}\sqrt{2} & 0 & 2+3 & 0 & -\sqrt{3}\sqrt{4} & \cdots \\ 0 & -\sqrt{2}\sqrt{3} & 0 & 3+4 & 0 & \cdots \\ 0 & 0 & -\sqrt{3}\sqrt{4} & 0 & 4+5 & \cdots \\ 0 & 0 & 0 & -\sqrt{4}\sqrt{5} & 0 & \\ \vdots & \vdots & \vdots & \vdots & & \ddots \end{pmatrix}$$

$$+\frac{1}{2}A^2 m\omega^2 \begin{pmatrix} 1 & 0 & \sqrt{1}\sqrt{2} & 0 & 0 & \cdots \\ 0 & 1+2 & 0 & \sqrt{2}\sqrt{3} & 0 & \cdots \\ \sqrt{1}\sqrt{2} & 0 & 2+3 & 0 & \sqrt{3}\sqrt{4} & \cdots \\ 0 & \sqrt{2}\sqrt{3} & 0 & 3+4 & 0 & \cdots \\ 0 & 0 & \sqrt{3}\sqrt{4} & 0 & 4+5 & \cdots \\ 0 & 0 & 0 & \sqrt{4}\sqrt{5} & 0 & \\ \vdots & \vdots & \vdots & \vdots & & \ddots \end{pmatrix}$$

となる。

これをまとめると

$$\tilde{\boldsymbol{H}} = A^2 m\omega^2 \begin{pmatrix} 1 & 0 & 0 & 0 & 0 & \cdots \\ 0 & 1+2 & 0 & 0 & 0 & \cdots \\ 0 & 0 & 2+3 & 0 & 0 & \cdots \\ 0 & 0 & 0 & 3+4 & 0 & \cdots \\ 0 & 0 & 0 & 0 & 4+5 & \cdots \\ 0 & 0 & 0 & 0 & 0 & \\ \vdots & \vdots & \vdots & \vdots & & \ddots \end{pmatrix} = A^2 m\omega^2 \begin{pmatrix} 1 & 0 & 0 & 0 & 0 & \cdots \\ 0 & 3 & 0 & 0 & 0 & \cdots \\ 0 & 0 & 5 & 0 & 0 & \cdots \\ 0 & 0 & 0 & 7 & 0 & \cdots \\ 0 & 0 & 0 & 0 & 9 & \cdots \\ 0 & 0 & 0 & 0 & 0 & \\ \vdots & \vdots & \vdots & \vdots & & \ddots \end{pmatrix}$$

となる。

これが、単振動のエネルギーに対応した行列である。ここで特筆すべきは、ハミルトニアンに対応した行列が対角化されていることである。これは、エネルギーが時間に依存しないことに対応している。

また、無理矢理、第 0 軌道という基底状態を考えたが、この結果は、不思議なことに、基底状態においても、エネルギーは 0 ではなく、 $(1/2)\hbar\omega$ のエネルギーを有することを意味している。実は、量子力学で解析すると、調和振動子に対して同様の結果が得られる。これは、行列力学のアプローチが正しかったことの証明ともなっている。

ここで、この行列を少し変形してみよう。

$$A^2 m\omega^2 = \frac{h}{4\pi m\omega} m\omega^2 = \frac{1}{2}\frac{h}{2\pi}\omega = \frac{1}{2}\hbar\omega$$

であるから

$$\tilde{\boldsymbol{H}} = \begin{pmatrix} \frac{1}{2}\hbar\omega & 0 & 0 & 0 & 0 & \cdots \\ 0 & \frac{3}{2}\hbar\omega & 0 & 0 & 0 & \cdots \\ 0 & 0 & \frac{5}{2}\hbar\omega & 0 & 0 & \cdots \\ 0 & 0 & 0 & \frac{7}{2}\hbar\omega & 0 & \cdots \\ 0 & 0 & 0 & 0 & \frac{9}{2}\hbar\omega & \cdots \\ 0 & 0 & 0 & 0 & 0 & \\ \vdots & \vdots & \vdots & \vdots & & \ddots \end{pmatrix}$$

となる。

この行列は、つぎのように整理することができる。

$$\tilde{\boldsymbol{H}} = \begin{pmatrix} \frac{1}{2}\hbar\omega & 0 & 0 & 0 & 0 & \cdots \\ 0 & \left(1+\frac{1}{2}\right)\hbar\omega & 0 & 0 & 0 & \cdots \\ 0 & 0 & \left(2+\frac{1}{2}\right)\hbar\omega & 0 & 0 & \cdots \\ 0 & 0 & 0 & \left(3+\frac{1}{2}\right)\hbar\omega & 0 & \cdots \\ 0 & 0 & 0 & 0 & \left(4+\frac{1}{2}\right)\hbar\omega & \cdots \\ 0 & 0 & 0 & 0 & 0 & \\ \vdots & \vdots & \vdots & \vdots & & \ddots \end{pmatrix}$$

つまり、ハミルトニアンに対応した行列の対角成分は基底状態のエネルギーが

$$E_0 = \frac{1}{2}\hbar\omega$$

であり、それよりも大きな軌道のエネルギーは、順次エネルギー量子 $\hbar\omega$ の整数倍を足したもの

$$E_n = \left(n + \frac{1}{2}\right)\hbar\omega$$

となっているのである。

これは、単振動、つまり調和振動子のエネルギーを、みごとに表現したものである。

6. 4.　まとめ

以上のように、単振動という物理現象に行列力学の形式を適応することで、矛盾なく、その現象を説明できる結果が得られるのである。

ボルンやハイゼンベルクらは、この結果に、自分たちが開発を進めている行列力学の正当性に自信を深めるのである。

ここで、今回紹介した行列力学の手法をまとめてみよう。まず、電子の運動系を想定する。本章では、単振動している粒子、つまり、調和振動子である状態を考えている。

この状態を反映した

$$\tilde{\boldsymbol{q}} = \begin{pmatrix} q_{00} & q_{01} & q_{02} & \cdots \\ q_{10} & q_{11} & q_{12} & \cdots \\ q_{20} & q_{21} & q_{22} & \cdots \\ \vdots & \vdots & \vdots & \ddots \end{pmatrix}$$

という行列を考える。

これは、位置に対応した行列に相当する。この行列が単振動の微分方程式

$$\frac{d^2\tilde{\boldsymbol{q}}}{dt^2} + \omega^2\tilde{\boldsymbol{q}} = 0$$

を満足するという条件から、行列 $\tilde{\boldsymbol{q}}$ の成分を求めることができる。

つぎに、運動量に対応した行列 $\tilde{\boldsymbol{p}}$ は

$$\tilde{\boldsymbol{p}} = m\frac{d\tilde{\boldsymbol{q}}}{dt}$$

という操作によって得ることができる。

これら行列において、量子化条件に相当する正準交換関係

$$\left[\tilde{\boldsymbol{p}}, \tilde{\boldsymbol{q}}\right] = \tilde{\boldsymbol{p}}\tilde{\boldsymbol{q}} - \tilde{\boldsymbol{q}}\tilde{\boldsymbol{p}} = \frac{h}{2\pi i}\tilde{\boldsymbol{E}}$$

が成立するかどうかを確かめる。

さらに、時間依存項を含まない振幅項に対応する行列 $\tilde{\boldsymbol{P}}$ および $\tilde{\boldsymbol{Q}}$ において

$$\tilde{\boldsymbol{P}}\tilde{\boldsymbol{Q}} - \tilde{\boldsymbol{Q}}\tilde{\boldsymbol{P}} = \frac{h}{2\pi i}\tilde{\boldsymbol{E}}$$

という関係が成立することも確かめた。

そして

$$\tilde{\boldsymbol{H}} = \frac{\tilde{\boldsymbol{P}}^2}{2m} + \frac{1}{2}m\omega^2\tilde{\boldsymbol{Q}}^2$$

という操作によって、エネルギーに対応したハミルトニアンの行列が対角化されており、さらに、その対角成分が、調和振動子の各準位のエネルギーに対応することも確認できたのである。

第 7 章　固有値問題

ボルンらによって開発された行列力学の手法は、単振動の解析において、大成功を収めた[17]。原子内の電子軌道の基本は、電子の円運動とみなすと、x 方向あるいは y 方向からみた運動は単振動である。したがって、行列力学によって単振動の量子力学的解析に成功したことは、大きな第一歩となったのである。

ただし、その手法が完全に確立されたわけではない。なにより、ハイゼンベルクが挑戦しようとした水素原子の中の電子軌道をうまく説明ができなければ意味がない。

そこで、より複雑な原子構造にも対応できるように、線形代数における行列の特性を利用して、より汎用性の高い手法を開発することにしたのである。

7.1.　行列力学の手法

電子の運動状態を知るためには、位置行列 $\tilde{\boldsymbol{q}}$ を構成する成分を知る必要がある。一般には

$$q_{nm} = Q_{nm} \exp(i\omega_{nm} t)$$

と与えられるが、ω_{nm} は、電子軌道間の電子遷移にともなって発生する電磁波のデータから求めることができる。

そのうえで運動量行列 $\tilde{\boldsymbol{p}}$ は

$$\tilde{\boldsymbol{p}} = m\frac{d\tilde{\boldsymbol{q}}}{dt}$$

という操作によって得られる。

それでは、どうやって、運動量行列 $\tilde{\boldsymbol{p}}$ と位置行列 $\tilde{\boldsymbol{q}}$ を決めるか。そのために

---

[17] ただし、単振動ではエネルギー準位の間隔が $E = \hbar\omega$ と一定であるため、位置行列が簡単な構造をしているという僥倖に恵まれたという事実も忘れてはならない。

は、系の総エネルギーに相当するハミルトニアン $H(\tilde{\boldsymbol{p}}, \tilde{\boldsymbol{q}})$ が重要になる。ハミルトニアンは

$$H(\tilde{\boldsymbol{p}}, \tilde{\boldsymbol{q}}) = \frac{\tilde{\boldsymbol{p}}^2}{2m} + U(\tilde{\boldsymbol{q}})$$

のように、運動エネルギーと位置エネルギーの和となる。ただし、ハミルトニアン自身は、古典力学で得られている

$$H(p, q) = \frac{p^2}{2m} + U(q)$$

において、p と q に行列を当てはめればよいだけなので簡単である。このとき、位置と運動量が行列であるので、ハミルトニアンも行列となる。

そのうえで、$\tilde{\boldsymbol{q}}$ は

$$\frac{d\tilde{\boldsymbol{q}}}{dt} = -\frac{2\pi i}{h}\left[\tilde{\boldsymbol{q}},\ H(\tilde{\boldsymbol{p}}, \tilde{\boldsymbol{q}})\right]$$

というハイゼンベルクの運動方程式に従う。

また、行列 $\tilde{\boldsymbol{p}}, \tilde{\boldsymbol{q}}$ は

$$\left[\tilde{\boldsymbol{p}}, \tilde{\boldsymbol{q}}\right] = \tilde{\boldsymbol{p}}\tilde{\boldsymbol{q}} - \tilde{\boldsymbol{q}}\tilde{\boldsymbol{p}} = \frac{h}{2\pi i}\tilde{\boldsymbol{E}}$$

という正準交換関係を満たす必要がある。

演習 7-1　位置行列 $\tilde{\boldsymbol{q}}$ の成分が $q_{nm} = Q_{nm}\exp(i\omega_{nm} t)$ と与えられるとき、運動量行列 $\tilde{\boldsymbol{p}}$ の成分を求めよ。

解）　運動量行列は

$$\tilde{\boldsymbol{p}} = m\frac{d\tilde{\boldsymbol{q}}}{dt}$$

によって得られるので

$$p_{nm} = m\frac{dq_{nm}}{dt} = i m\omega_{nm} Q_{nm}\exp(i\omega_{nm} t)$$

となる。

つまり

$$p_{nm} = P_{nm} \exp(i\omega_{nm} t)$$

とおけば

$$P_{nm} = im\omega_{nm} Q_{nm}$$

という関係にあることがわかる。

ところで、運動量行列 $\tilde{\boldsymbol{p}}$ と位置行列 $\tilde{\boldsymbol{q}}$ は

$$\tilde{\boldsymbol{p}}\tilde{\boldsymbol{q}} - \tilde{\boldsymbol{q}}\tilde{\boldsymbol{p}} = \frac{h}{2\pi i}\tilde{\boldsymbol{E}}$$

という正準交換関係を満足する必要がある。

演習 7-2　位置行列 $\tilde{\boldsymbol{q}}$ の成分が $q_{nm} = Q_{nm} \exp(i\omega_{nm} t)$ と与えられるとき、行列 $\tilde{\boldsymbol{p}}\tilde{\boldsymbol{q}}$ の対角成分を求めよ。

解）　行列 $\tilde{\boldsymbol{p}}\tilde{\boldsymbol{q}}$ の対角成分、すなわち (n, n) 成分は

$$(\tilde{\boldsymbol{p}}\tilde{\boldsymbol{q}})_{nn} = \sum_{m=1}^{\infty} P_{nm} \exp(i\omega_{nm} t) Q_{mn} \exp(i\omega_{mn} t)$$

となる。ここで

$$p_{nm} = im\omega_{nm} Q_{nm} \exp(i\omega_{nm} t)$$

から

$$(\tilde{\boldsymbol{p}}\tilde{\boldsymbol{q}})_{nn} = \sum_{m=1}^{\infty} im\omega_{nm} Q_{nm} Q_{mn} \exp\left\{i(\omega_{nm} + \omega_{mn})t\right\}$$

となるが、$\omega_{nm} = -\omega_{mn}$ であるから

$$(\tilde{\boldsymbol{p}}\tilde{\boldsymbol{q}})_{nn} = \sum_{m=1}^{\infty} im\omega_{nm} Q_{nm} Q_{mn}$$

となる。

成分で書けば

$$(\tilde{\boldsymbol{p}}\tilde{\boldsymbol{q}})_{nn} = im\omega_{n1} Q_{n1} Q_{1n} + im\omega_{n2} Q_{n2} Q_{2n} + \ldots + im\omega_{nm} Q_{nm} Q_{mn} + \ldots$$

となる。

演習 7-3 位置行列 $\tilde{\boldsymbol{q}}$ の成分が $q_{nm} = Q_{nm}\exp(i\omega_{nm}t)$ と与えられるとき、行列 $\tilde{\boldsymbol{q}}\,\tilde{\boldsymbol{p}}$ の対角成分を求めよ。

解） 行列 $\tilde{\boldsymbol{q}}\,\tilde{\boldsymbol{p}}$ の対角成分、すなわち (n, n) 成分は

$$\left(\tilde{\boldsymbol{q}}\,\tilde{\boldsymbol{p}}\right)_{nn} = \sum_{m=1}^{\infty} Q_{nm}\exp(i\omega_{nm}t)P_{mn}\exp(i\omega_{mn}t)$$

となる。

ここで $p_{mn} = im\omega_{mn}Q_{mn}\exp(i\omega_{mn}t)$ から

$$\left(\tilde{\boldsymbol{q}}\,\tilde{\boldsymbol{p}}\right)_{nn} = \sum_{m=1}^{\infty} im\omega_{mn}Q_{nm}Q_{mn}\exp\left\{i(\omega_{nm}+\omega_{mn})t\right\}$$

となるが、$\omega_{nm} = -\omega_{mn}$ であるから

$$\left(\tilde{\boldsymbol{q}}\,\tilde{\boldsymbol{p}}\right)_{nn} = \sum_{m=1}^{\infty} im\omega_{mn}Q_{nm}Q_{mn}$$

となる。成分で書けば

$$\left(\tilde{\boldsymbol{q}}\,\tilde{\boldsymbol{p}}\right)_{nn} = im\omega_{1n}Q_{n1}Q_{1n} + im\omega_{2n}Q_{n2}Q_{2n} + \ldots + im\omega_{mn}Q_{nm}Q_{mn} + \ldots$$

となる。

ここで

$$\tilde{\boldsymbol{p}}\tilde{\boldsymbol{q}} - \tilde{\boldsymbol{q}}\,\tilde{\boldsymbol{p}}$$

を計算してみよう。

すると、その対角成分は

$$\left(\tilde{\boldsymbol{p}}\tilde{\boldsymbol{q}} - \tilde{\boldsymbol{q}}\,\tilde{\boldsymbol{p}}\right)_{nn} = im\omega_{n1}Q_{n1}Q_{1n} + im\omega_{n2}Q_{n2}Q_{2n} + \ldots + im\omega_{nm}Q_{nm}Q_{mn} + \ldots$$

$$-(im\omega_{1n}Q_{n1}Q_{1n} + im\omega_{2n}Q_{n2}Q_{2n} + \ldots + im\omega_{mn}Q_{nm}Q_{mn} + \ldots)$$

となる。ここで

$$\omega_{nm} = -\omega_{mn}$$

という関係にあり、さらに

$$Q_{nm} = Q_{mn}^{*}$$

のように複素共役の関係にあるから

$$Q_{nm}Q_{mn} = Q_{nm}Q_{nm}{}^{*} = \left|Q_{nm}\right|^{2}$$

となるので

$$\left(\tilde{\boldsymbol{p}}\tilde{\boldsymbol{q}} - \tilde{\boldsymbol{q}}\tilde{\boldsymbol{p}}\right)_{nn} = 2im\omega_{n1}\left|Q_{n1}\right|^{2} + 2im\omega_{n2}\left|Q_{n2}\right|^{2} + \ldots + 2im\omega_{nm}\left|Q_{nm}\right|^{2} + \ldots$$

とまとめられる。つまり

$$\tilde{\boldsymbol{p}}\tilde{\boldsymbol{q}} - \tilde{\boldsymbol{q}}\tilde{\boldsymbol{p}} = \frac{h}{2\pi i}\tilde{\boldsymbol{E}}$$

を満足するための条件は

$$2im\omega_{n1}\left|Q_{n1}\right|^{2} + 2im\omega_{n2}\left|Q_{n2}\right|^{2} + \ldots + 2im\omega_{nm}\left|Q_{nm}\right|^{2} + \ldots = \frac{h}{2\pi i}$$

となる。

実は、この条件は、かなり煩雑であり、簡単に解法することができない。単振動の場合には、エネルギー準位の間隔が、すべて ω と等しいため、簡単化がはかれたのである。

7. 2.　汎用性の高い手法

そこで、ボルンらは、汎用性の高い方法を考え出した。すでに紹介したように、時間の項を含まない行列 $\tilde{\boldsymbol{P}}$ および $\tilde{\boldsymbol{Q}}$ も

$$\tilde{\boldsymbol{P}}\tilde{\boldsymbol{Q}} - \tilde{\boldsymbol{Q}}\tilde{\boldsymbol{P}} = \frac{h}{2\pi i}\tilde{\boldsymbol{E}}$$

という正準交換関係を満足する。さらに、これら行列の関数であるハミルトニアンに対応した行列

$$H(\tilde{\boldsymbol{P}}, \tilde{\boldsymbol{Q}}) = \begin{pmatrix} E_1 & 0 & \cdots \\ 0 & E_2 & \\ \vdots & & \ddots \end{pmatrix}$$

が対角行列になればエネルギー保存則を満足する。

そこで、これら条件から、先に行列 $\tilde{\boldsymbol{P}}$ および $\tilde{\boldsymbol{Q}}$ を求め、そのうえで

$$p_{nm} = P_{nm}\exp(i\omega_{nm}t) \qquad q_{nm} = Q_{nm}\exp(i\omega_{nm}t)$$

という変換により、行列 $\tilde{\boldsymbol{p}}$ および $\tilde{\boldsymbol{q}}$ を求めればよいことになる。この解法ならば確実である。

演習 7-4 行列 $\tilde{\boldsymbol{P}}$ および $\tilde{\boldsymbol{Q}}$ が正準交換関係

$$\tilde{\boldsymbol{P}}\tilde{\boldsymbol{Q}} - \tilde{\boldsymbol{Q}}\tilde{\boldsymbol{P}} = \frac{h}{2\pi i}\tilde{\boldsymbol{E}}$$

を満足し、ハミルトニアンに対応した行列 $H(\tilde{\boldsymbol{P}},\tilde{\boldsymbol{Q}})$ が対角化されている場合、ハイゼンベルクの運動方程式

$$\frac{d\tilde{\boldsymbol{q}}}{dt} = -\frac{2\pi i}{h}\left[\tilde{\boldsymbol{q}},\ H(\tilde{\boldsymbol{p}},\tilde{\boldsymbol{q}})\right]$$

が成立することを確かめよ。

解) まず、ハミルトニアンに対応した行列が対角化されている場合

$$H(\tilde{\boldsymbol{P}},\tilde{\boldsymbol{Q}}) = H(\tilde{\boldsymbol{p}},\tilde{\boldsymbol{q}}) = \begin{pmatrix} H_{11} & 0 & \cdots \\ 0 & H_{22} & \\ \vdots & & \ddots \end{pmatrix} = \begin{pmatrix} E_1 & 0 & \cdots \\ 0 & E_2 & \\ \vdots & & \ddots \end{pmatrix}$$

となる。ここで、行列 $\tilde{\boldsymbol{q}}$ の成分として

$$q_{nm} = Q_{nm}\exp(i\omega_{nm}t)$$

を考える。すると $d\tilde{\boldsymbol{q}}/dt$ の成分は

$$\frac{dq_{nm}}{dt} = i\omega_{nm}\, Q_{nm}\exp(i\omega_{nm}t) = i\omega_{nm}\, q_{nm}$$

となる。

つぎに、交換子

$$\left[\tilde{\boldsymbol{q}},\ H(\tilde{\boldsymbol{p}},\tilde{\boldsymbol{q}})\right] = \tilde{\boldsymbol{q}}H(\tilde{\boldsymbol{p}},\tilde{\boldsymbol{q}}) - H(\tilde{\boldsymbol{p}},\tilde{\boldsymbol{q}})\tilde{\boldsymbol{q}}$$

の成分を考えよう。すると

$$\left[\tilde{\boldsymbol{q}},\ H(\tilde{\boldsymbol{p}},\tilde{\boldsymbol{q}})\right]_{nm} = \sum_k \left(q_{nk}H_{km} - H_{nk}q_{km}\right)$$

となる。$H(\tilde{\boldsymbol{p}},\tilde{\boldsymbol{q}})$ が対角化されているのであるから

$$\left[\tilde{\boldsymbol{q}},\ H(\tilde{\boldsymbol{p}},\tilde{\boldsymbol{q}})\right]_{nm} = \sum_k \left(q_{nm}E_m - E_n q_{nm}\right) = \left(E_m - E_n\right)q_{nm}$$

となる。ここで

$$E_m - E_n = -\hbar\omega_{nm} = -\frac{h}{2\pi}\omega_{nm}$$

であるので

$$-\frac{2\pi i}{h}\left[\,\tilde{\boldsymbol{q}},\ H(\tilde{\boldsymbol{p}},\tilde{\boldsymbol{q}})\,\right]_{nm} = i\omega_{nm}q_{nm}$$

したがって

$$\frac{d\tilde{\boldsymbol{q}}}{dt} = -\frac{2\pi i}{h}\left[\tilde{\boldsymbol{q}},\ H(\tilde{\boldsymbol{p}},\tilde{\boldsymbol{q}})\right]$$

が成立する。

つまり、正準交換関係

$$\tilde{\boldsymbol{P}}\tilde{\boldsymbol{Q}} - \tilde{\boldsymbol{Q}}\tilde{\boldsymbol{P}} = \frac{h}{2\pi i}\tilde{\boldsymbol{E}}$$

を満足する行列 $\tilde{\boldsymbol{P}}$ および $\tilde{\boldsymbol{Q}}$ を見つけ、$H(\tilde{\boldsymbol{P}}, \tilde{\boldsymbol{Q}})$ が対角化されていれば、本来求めたい行列である $\tilde{\boldsymbol{p}}$ および $\tilde{\boldsymbol{q}}$ を求めることができるのである。

ただし、ここで問題が生じる。ハミルトニアンに対応した行列が対角行列になるという保証がないという事実である。そこで、ボルンたちは、線形代数の手法を利用することで、この問題に対処することにしたのである。

それは、つぎのようなものである。とにかく正準交換関係

$$\tilde{\boldsymbol{P}}^{\circ}\tilde{\boldsymbol{Q}}^{\circ} - \tilde{\boldsymbol{Q}}^{\circ}\tilde{\boldsymbol{P}}^{\circ} = \frac{h}{2\pi i}\tilde{\boldsymbol{E}}$$

を満足する行列をつくる。そして、これら行列をハミルトニアンに代入する。

$$H(\tilde{\boldsymbol{P}}^{\circ}, \tilde{\boldsymbol{Q}}^{\circ})$$

ただし、一般には、この行列は対角行列ではない。そこで、この行列を対角化する処理を施すのである。

そして、対角化したのちに、その逆変換を $\tilde{\boldsymbol{P}}^{\circ}, \tilde{\boldsymbol{Q}}^{\circ}$ に施せば、目指す行列である $\tilde{\boldsymbol{P}}$ および $\tilde{\boldsymbol{Q}}$ を求めることができる。

7.3. エルミート行列の対角化

すでに紹介したように、位置行列をはじめとして、行列力学で物理量に対応した行列は、**エルミート行列** (Hermitian matrix) である。そして、線形代数によれば、エルミート行列 $\tilde{\boldsymbol{A}}$ は、**ユニタリー行列** (unitary matrix) $\tilde{\boldsymbol{U}}$ によって対角化できることが知られている。この対角化を**ユニタリー変換** (unitary transformation) と呼んでいる。つまり

$$\tilde{\boldsymbol{U}}^{-1}\tilde{\boldsymbol{A}}\tilde{\boldsymbol{U}}$$

の操作を行うと、対角化が可能となる。

具体例で見た方がわかりやすいので、実際にエルミート行列の対角化を行ってみよう。

$$\tilde{\boldsymbol{A}} = \begin{pmatrix} 2 & i \\ -i & 2 \end{pmatrix}$$

は、転置行列の複素共役が

$${}^{t}\tilde{\boldsymbol{A}} = \begin{pmatrix} 2 & -i \\ i & 2 \end{pmatrix} \qquad {}^{t}\tilde{\boldsymbol{A}}^{*} = \begin{pmatrix} 2 & i \\ -i & 2 \end{pmatrix} = \tilde{\boldsymbol{A}}$$

のように、もとの行列になるのでエルミート行列である。ここで、対角化の手法にしたがって操作を行ってみよう。まず、固有値 (λ) を求める必要がある。

演習 7-5 $\tilde{\boldsymbol{A}}\vec{\boldsymbol{x}} = \lambda\vec{\boldsymbol{x}}$ という関係を満足する固有値 λ の値を求めよ。

解) 固有値が満足する固有方程式は

$$\det(\lambda\tilde{\boldsymbol{E}} - \tilde{\boldsymbol{A}}) = \begin{vmatrix} \lambda-2 & -i \\ i & \lambda-2 \end{vmatrix} = (\lambda-2)^2 - (-i)i = (\lambda-2)^2 - 1$$

$$= \{(\lambda-2)+1\}\{(\lambda-2)-1\} = (\lambda-1)(\lambda-3) = 0$$

となる。よって、固有値は 1 と 3 となる。

つぎに、それぞれの固有値に対応した固有ベクトル $\vec{x}$ を求めてみよう。まず固有値 1 に対しては $\tilde{A}\vec{x} = \vec{x}$ となるから

$$\tilde{A}\vec{x} = \begin{pmatrix} 2 & i \\ -i & 2 \end{pmatrix}\begin{pmatrix} x_1 \\ x_2 \end{pmatrix} = \begin{pmatrix} 2x_1 + i\,x_2 \\ -i\,x_1 + 2x_2 \end{pmatrix} = \vec{x} = \begin{pmatrix} x_1 \\ x_2 \end{pmatrix}$$

固有ベクトルが満足すべき条件は

$$\begin{pmatrix} 2x_1 + i\,x_2 \\ -i\,x_1 + 2x_2 \end{pmatrix} = \begin{pmatrix} x_1 \\ x_2 \end{pmatrix} \qquad \begin{cases} x_1 + i\,x_2 = 0 \\ -i\,x_1 + \ x_2 = 0 \end{cases}$$

となる。任意の定数を t とおくと、固有ベクトルは

$$\vec{x} = \begin{pmatrix} x_1 \\ x_2 \end{pmatrix} = t\begin{pmatrix} 1 \\ i \end{pmatrix}$$

と与えられる。ここで、ベクトルの大きさを 1 とする**正規化** (normalization) を行う。すると

$$\vec{e}_x = \frac{\vec{x}}{|\vec{x}|} = \frac{1}{\sqrt{1^2 + i(-i)}}\begin{pmatrix} 1 \\ i \end{pmatrix} = \frac{1}{\sqrt{2}}\begin{pmatrix} 1 \\ i \end{pmatrix}$$

が固有ベクトルとして得られる。

> **演習 7-6**　固有値 $\lambda = 3$ に対応する固有ベクトル $\vec{y} = (y_1 \quad y_2)$ を求めよ。さらに、固有ベクトルを正規化せよ。

解)　固有ベクトルは $\tilde{A}\,\vec{y} = 3\vec{y}$ を満足するので

$$\tilde{A}\,\vec{y} = \begin{pmatrix} 2 & i \\ -i & 2 \end{pmatrix}\begin{pmatrix} y_1 \\ y_2 \end{pmatrix} = \begin{pmatrix} 2y_1 + i\,y_2 \\ -i\,y_1 + 2y_2 \end{pmatrix} = 3\,\vec{y} = \begin{pmatrix} 3y_1 \\ 3y_2 \end{pmatrix}$$

よって固有ベクトルの満足すべき条件は

$$\begin{pmatrix} 2y_1 + i\,y_2 \\ -i\,y_1 + 2y_2 \end{pmatrix} = \begin{pmatrix} 3y_1 \\ 3y_2 \end{pmatrix} \qquad \begin{cases} -\,y_1 + i\,y_2 = 0 \\ -i\,y_1 - \ y_2 = 0 \end{cases}$$

となり、任意の定数を k とおくと、固有ベクトルは

$$\vec{y} = \begin{pmatrix} y_1 \\ y_2 \end{pmatrix} = k\begin{pmatrix} i \\ 1 \end{pmatrix}$$

と与えられる。ふたたび正規化ベクトルを選ぶと

$$\vec{e}_y = \frac{\vec{y}}{|\vec{y}|} = \frac{1}{\sqrt{i(-i)+1^2}}\begin{pmatrix} i \\ 1 \end{pmatrix} = \frac{1}{\sqrt{2}}\begin{pmatrix} i \\ 1 \end{pmatrix}$$

となる。

ここで、正規化固有ベクトルからなる行列をつくると

$$\tilde{U} = (\vec{e}_x \quad \vec{e}_y) = \frac{1}{\sqrt{2}}\begin{pmatrix} 1 & i \\ i & 1 \end{pmatrix}$$

となる。これが**ユニタリー行列** (unitary matrix) である。そして、**逆行列** (inverse matrix) は

$$\tilde{U}^{-1} = \frac{1}{\sqrt{2}}\begin{pmatrix} 1 & -i \\ -i & 1 \end{pmatrix}$$

となる。この逆行列は、つぎに示すようにユニタリー行列

$$\tilde{U} = \frac{1}{\sqrt{2}}\begin{pmatrix} 1 & i \\ i & 1 \end{pmatrix}$$

の**転置行列** (transposed matrix)

$${}^t\tilde{U} = \frac{1}{\sqrt{2}}\begin{pmatrix} 1 & i \\ i & 1 \end{pmatrix}$$

の**複素共役** (complex conjugate) となっている。

$${}^t\tilde{U}^* = \frac{1}{\sqrt{2}}\begin{pmatrix} 1 & -i \\ -i & 1 \end{pmatrix} = \tilde{U}^{-1}$$

実は、この関係はエルミート行列に対しては一般に成立し、ユニタリー行列の特徴となる。

それでは、ユニタリー行列による**対角化** (diagonalization) を実際に行ってみよう。すると

$$\tilde{U}^{-1}\tilde{A}\tilde{U} = \left\{\frac{1}{\sqrt{2}}\begin{pmatrix} 1 & -i \\ -i & 1 \end{pmatrix}\right\}\begin{pmatrix} 2 & i \\ -i & 2 \end{pmatrix}\left\{\frac{1}{\sqrt{2}}\begin{pmatrix} 1 & i \\ i & 1 \end{pmatrix}\right\}$$

$$= \frac{1}{2}\begin{pmatrix} 1 & -i \\ -3i & 3 \end{pmatrix}\begin{pmatrix} 1 & i \\ i & 1 \end{pmatrix} = \frac{1}{2}\begin{pmatrix} 2 & 0 \\ 0 & 6 \end{pmatrix} = \begin{pmatrix} 1 & 0 \\ 0 & 3 \end{pmatrix}$$

となって、確かに対角成分は固有値となっている。

このように、エルミート行列は、ユリタリー行列によって対角化が可能である。この対角化をユニタリー変換と呼ぶ。

演習 7-7　つぎの 3 行 3 列のエルミート行列の固有値を求めよ。

$$\tilde{\boldsymbol{H}} = \begin{pmatrix} 0 & i & 1 \\ -i & 0 & i \\ 1 & -i & 0 \end{pmatrix}$$

解）　この行列の固有値 λ を求めるために、つぎの固有方程式を計算する。

$$\det(\lambda\tilde{\boldsymbol{E}} - \tilde{\boldsymbol{H}}) = \begin{vmatrix} \lambda & -i & -1 \\ i & \lambda & -i \\ -1 & i & \lambda \end{vmatrix} = 0$$

第 1 行めで余因子展開すると

$$\begin{vmatrix} \lambda & -i & -1 \\ i & \lambda & -i \\ -1 & i & \lambda \end{vmatrix} = \lambda\begin{vmatrix} \lambda & -i \\ i & \lambda \end{vmatrix} - (-i)\begin{vmatrix} i & -i \\ -1 & \lambda \end{vmatrix} + (-1)\begin{vmatrix} i & \lambda \\ -1 & i \end{vmatrix}$$

$$= \lambda(\lambda^2 - 1) + i(i\lambda - i) - (i^2 + \lambda)$$

$$= \lambda(\lambda^2 - 1) - (\lambda - 1) - (-1 + \lambda) = \lambda(\lambda + 1)(\lambda - 1) - 2(\lambda - 1)$$

$$= (\lambda - 1)\{\lambda(\lambda + 1) - 2\} = (\lambda - 1)^2(\lambda + 2) = 0$$

となる。したがって、固有値は 1 と -2 になる。

---

3 行 3 列のエルミート行列に対しては、一般的には 3 個の固有値が存在するが、この演習のように 2 個の場合もある。このとき、重根の固有値に対応して 2 個の固有ベクトルが存在する。このような状態を専門的には縮重 (degeneracy) あるいは縮退と呼ぶ。縮重は、電子状態を考えるときに重要な概念となる。

演習 7-8　固有値 $\lambda = 1$ に対応した固有ベクトルを求めよ。

解）

$$\tilde{\boldsymbol{H}}\vec{\boldsymbol{x}} = \begin{pmatrix} 0 & i & 1 \\ -i & 0 & i \\ 1 & -i & 0 \end{pmatrix}\begin{pmatrix} x_1 \\ x_2 \\ x_3 \end{pmatrix} = \begin{pmatrix} ix_2 + x_3 \\ -ix_1 + ix_3 \\ x_1 - ix_2 \end{pmatrix} = \lambda\vec{\boldsymbol{x}} = \begin{pmatrix} x_1 \\ x_2 \\ x_3 \end{pmatrix}$$

したがって、固有ベクトルが満足すべき条件は

$$\begin{pmatrix} i\,x_2 + x_3 \\ -i\,x_1 + i\,x_3 \\ x_1 - i\,x_2 \end{pmatrix} = \begin{pmatrix} x_1 \\ x_2 \\ x_3 \end{pmatrix} \qquad \begin{cases} x_1 - i\,x_2 - x_3 = 0 \\ i\,x_1 + x_2 - i\,x_3 = 0 \\ x_1 - i\,x_2 - x_3 = 0 \end{cases}$$

となる。

ここで、これらの式は

$$x_1 - i\,x_2 - x_3 = 0$$

という関係に還元される。

よって、任意の定数を u とおくと

$$\vec{\boldsymbol{x}} = u\begin{pmatrix} 1 \\ 0 \\ 1 \end{pmatrix}$$

を固有ベクトルとして選ぶことができる。このベクトルを正規化すると

$$\vec{\boldsymbol{e}}_x = \frac{\vec{\boldsymbol{x}}}{|\vec{\boldsymbol{x}}|} = \frac{1}{\sqrt{1^2 + 1^2}}\begin{pmatrix} 1 \\ 0 \\ 1 \end{pmatrix} = \frac{1}{\sqrt{2}}\begin{pmatrix} 1 \\ 0 \\ 1 \end{pmatrix}$$

となる。

つぎに、同じ固有値を有する固有ベクトルとして、この基底ベクトルと直交し、上の関係式を満足するベクトル $\vec{y}$ を探す必要がある。ここで

$$\vec{\boldsymbol{e}}_x \cdot \vec{\boldsymbol{y}} = \frac{1}{\sqrt{2}}\begin{pmatrix} 1 \\ 0 \\ 1 \end{pmatrix}(y_1 \quad y_2 \quad y_3) = \frac{1}{\sqrt{2}}(y_1 + y_3) = 0$$

という条件から $y_1 = -y_3$ となるので

$$y_1 - i\,y_2 - y_3 = 0 \qquad 2y_1 - i\,y_2 = 0$$

よって、$\vec{\boldsymbol{y}}$ として

$$\vec{\boldsymbol{y}} = u\begin{pmatrix} 1 \\ -2i \\ -1 \end{pmatrix}$$

を選ぶことができる。正規化すると

$$\vec{e}_y = \frac{\vec{y}}{|\vec{y}|} = \frac{1}{\sqrt{1^2 + (-2i)2i + (-1)^2}} \begin{pmatrix} 1 \\ -2i \\ -1 \end{pmatrix} = \frac{1}{\sqrt{6}} \begin{pmatrix} 1 \\ -2i \\ -1 \end{pmatrix}$$

つぎに固有値 -2 に対応した固有ベクトル $\vec{z}$ を求めてみよう。

$$\tilde{\boldsymbol{H}}\vec{z} = \begin{pmatrix} 0 & i & 1 \\ -i & 0 & i \\ 1 & -i & 0 \end{pmatrix} \begin{pmatrix} z_1 \\ z_2 \\ z_3 \end{pmatrix} = \begin{pmatrix} i z_2 + z_3 \\ -i z_1 + i z_3 \\ z_1 - i z_2 \end{pmatrix} = -2\vec{z} = \begin{pmatrix} -2z_1 \\ -2z_2 \\ -2z_3 \end{pmatrix}$$

よって、このベクトルが満足すべき条件は

$$\begin{pmatrix} i z_2 + z_3 \\ -i z_1 + i z_3 \\ z_1 - i z_2 \end{pmatrix} = \begin{pmatrix} -2z_1 \\ -2z_2 \\ -2z_3 \end{pmatrix} \qquad \begin{cases} 2z_1 + i z_2 + z_3 = 0 \\ i z_1 - 2z_2 - i z_3 = 0 \\ z_1 - i z_2 + 2z_3 = 0 \end{cases}$$

と与えられる。

よって任意の定数を t とおくと

$$\vec{z} = t \begin{pmatrix} 1 \\ i \\ -1 \end{pmatrix}$$

が固有ベクトルとして得られる。

これを正規化すると

$$\vec{e}_z = \frac{\vec{z}}{|\vec{z}|} = \frac{1}{\sqrt{1^2 + i(-i) + (-1)^2}} \begin{pmatrix} 1 \\ i \\ -1 \end{pmatrix} = \frac{1}{\sqrt{3}} \begin{pmatrix} 1 \\ i \\ -1 \end{pmatrix}$$

となる。

したがって、ユニタリー行列は

$$\tilde{\boldsymbol{U}} = \begin{pmatrix} 1/\sqrt{2} & 1/\sqrt{6} & 1/\sqrt{3} \\ 0 & -i2/\sqrt{6} & i/\sqrt{3} \\ 1/\sqrt{2} & -1/\sqrt{6} & -1/\sqrt{3} \end{pmatrix}$$

となる。

演習 7-9　上記のユニタリー行列を用いて、エルミート行列

$$\tilde{\boldsymbol{H}} = \begin{pmatrix} 0 & i & 1 \\ -i & 0 & i \\ 1 & -i & 0 \end{pmatrix}$$

の対角化を実施せよ。

解）　ユニタリー行列の逆行列は、その転置行列の複素共役であるから

$$\tilde{\boldsymbol{U}}^{-1} = {}^t\tilde{\boldsymbol{U}}^*$$

となる。ここでユニタリー行列は

$$\tilde{\boldsymbol{U}} = \begin{pmatrix} 1/\sqrt{2} & 1/\sqrt{6} & 1/\sqrt{3} \\ 0 & -i2/\sqrt{6} & i/\sqrt{3} \\ 1/\sqrt{2} & -1/\sqrt{6} & -1/\sqrt{3} \end{pmatrix}$$

であるので、転置行列は

$${}^t\tilde{\boldsymbol{U}} = \begin{pmatrix} 1/\sqrt{2} & 0 & 1/\sqrt{2} \\ 1/\sqrt{6} & -i2/\sqrt{6} & -1/\sqrt{6} \\ 1/\sqrt{3} & i/\sqrt{3} & -1/\sqrt{3} \end{pmatrix}$$

逆行列は、この複素共役であるから

$$\tilde{\boldsymbol{U}}^{-1} = {}^t\tilde{\boldsymbol{U}}^* = \begin{pmatrix} 1/\sqrt{2} & 0 & 1/\sqrt{2} \\ 1/\sqrt{6} & i2/\sqrt{6} & -1/\sqrt{6} \\ 1/\sqrt{3} & -i/\sqrt{3} & -1/\sqrt{3} \end{pmatrix}$$

と与えられる。

これら行列を用いて、行列 $\tilde{\boldsymbol{H}}$ の対角化をおこなうと

$$\tilde{\boldsymbol{U}}^{-1}\tilde{\boldsymbol{H}}\tilde{\boldsymbol{U}} = \begin{pmatrix} 1/\sqrt{2} & 0 & 1/\sqrt{2} \\ 1/\sqrt{6} & i2/\sqrt{6} & -1/\sqrt{6} \\ 1/\sqrt{3} & -i/\sqrt{3} & -1/\sqrt{3} \end{pmatrix}\begin{pmatrix} 0 & i & 1 \\ -i & 0 & i \\ 1 & -i & 0 \end{pmatrix}\begin{pmatrix} 1/\sqrt{2} & 1/\sqrt{6} & 1/\sqrt{3} \\ 0 & -i2/\sqrt{6} & i/\sqrt{3} \\ 1/\sqrt{2} & -1/\sqrt{6} & -1/\sqrt{3} \end{pmatrix}$$

$$=\begin{pmatrix}1 & 0 & 0\\0 & 1 & 0\\0 & 0 & -2\end{pmatrix}$$

となる。

得られた対角行列を見ると、対角成分が固有値になっていることもわかる。このように、ユニタリー行列によってエルミート行列の対角化が可能となる。

7.4.　行列力学におけるユニタリー変換

われわれの目的は、正準交換関係

$$\tilde{\boldsymbol{P}}^{\circ}\tilde{\boldsymbol{Q}}^{\circ}-\tilde{\boldsymbol{Q}}^{\circ}\tilde{\boldsymbol{P}}^{\circ}=\frac{h}{2\pi i}\tilde{\boldsymbol{E}}$$

を満たす行列 $\tilde{\boldsymbol{P}}^{\circ},\tilde{\boldsymbol{Q}}^{\circ}$ を用意し、ハミルトニアンに対応した行列

$$H(\tilde{\boldsymbol{P}}^{\circ},\tilde{\boldsymbol{Q}}^{\circ})$$

に代入し、その対角化を行うことである。

この操作は、ユニタリー行列によって

$$\tilde{\boldsymbol{U}}^{-1}H(\tilde{\boldsymbol{P}}^{\circ},\tilde{\boldsymbol{Q}}^{\circ})\tilde{\boldsymbol{U}}$$

という行列演算で可能となる。

このとき

$$\tilde{\boldsymbol{U}}^{-1}H(\tilde{\boldsymbol{P}}^{\circ},\tilde{\boldsymbol{Q}}^{\circ})\,\tilde{\boldsymbol{U}}=\begin{pmatrix}E_1 & 0 & \cdots\\0 & E_2 & \\\vdots & & \ddots\end{pmatrix}$$

のように、行列の対角成分は電子軌道のエネルギーになる。

そのうえで

$$\tilde{\boldsymbol{P}}=\tilde{\boldsymbol{U}}^{-1}\tilde{\boldsymbol{P}}^{\circ}\,\tilde{\boldsymbol{U}}\qquad\qquad \tilde{\boldsymbol{Q}}=\tilde{\boldsymbol{U}}^{-1}\tilde{\boldsymbol{Q}}^{\circ}\tilde{\boldsymbol{U}}$$

という変換を行えば、目指す行列の $\tilde{\boldsymbol{P}}$ および $\tilde{\boldsymbol{Q}}$ を求めることができる。このと

き

$$H(\tilde{\boldsymbol{P}}, \tilde{\boldsymbol{Q}}) = \frac{\tilde{\boldsymbol{P}}^2}{2m} + \frac{1}{2}k\tilde{\boldsymbol{Q}}^2$$

となり、しかも、このハミルトニアン行列は対角化されている。つまり、正準交換関係を満たす適当な行列 $\tilde{\boldsymbol{P}}^\circ$ および $\tilde{\boldsymbol{Q}}^\circ$ を求め、これら行列にユニタリー変換を施せば、それがめざす行列を与えることになる。

演習 7-10　ユニタリー変換によって得られた行列が正準交換関係を満足するかどうかを確かめよ。

解）　$\tilde{\boldsymbol{P}} = \tilde{\boldsymbol{U}}^{-1}\tilde{\boldsymbol{P}}^\circ\tilde{\boldsymbol{U}}$ ならびに $\tilde{\boldsymbol{Q}} = \tilde{\boldsymbol{U}}^{-1}\tilde{\boldsymbol{Q}}^\circ\tilde{\boldsymbol{U}}$ を正準交換の式に代入すると

$$\tilde{\boldsymbol{P}}\tilde{\boldsymbol{Q}} - \tilde{\boldsymbol{Q}}\tilde{\boldsymbol{P}} = \tilde{\boldsymbol{U}}^{-1}\tilde{\boldsymbol{P}}^\circ\tilde{\boldsymbol{U}}\,\tilde{\boldsymbol{U}}^{-1}\tilde{\boldsymbol{Q}}^\circ\tilde{\boldsymbol{U}} - \tilde{\boldsymbol{U}}^{-1}\tilde{\boldsymbol{Q}}^\circ\tilde{\boldsymbol{U}}\,\tilde{\boldsymbol{U}}^{-1}\tilde{\boldsymbol{P}}^\circ\tilde{\boldsymbol{U}}$$

となる。ここで

$$\tilde{\boldsymbol{U}}\,\tilde{\boldsymbol{U}}^{-1} = \tilde{\boldsymbol{E}}$$

であるから

$$\tilde{\boldsymbol{P}}\tilde{\boldsymbol{Q}} - \tilde{\boldsymbol{Q}}\tilde{\boldsymbol{P}} = \tilde{\boldsymbol{U}}^{-1}\tilde{\boldsymbol{P}}^\circ\,\tilde{\boldsymbol{Q}}^\circ\tilde{\boldsymbol{U}} - \tilde{\boldsymbol{U}}^{-1}\tilde{\boldsymbol{Q}}^\circ\,\tilde{\boldsymbol{P}}^\circ\tilde{\boldsymbol{U}}$$

$$= \tilde{\boldsymbol{U}}^{-1}(\tilde{\boldsymbol{P}}^\circ\tilde{\boldsymbol{Q}}^\circ - \tilde{\boldsymbol{Q}}^\circ\tilde{\boldsymbol{P}}^\circ)\tilde{\boldsymbol{U}}$$

と計算できる。

ここで

$$\tilde{\boldsymbol{P}}^\circ\tilde{\boldsymbol{Q}}^\circ - \tilde{\boldsymbol{Q}}^\circ\tilde{\boldsymbol{P}}^\circ = \frac{h}{2\pi i}\tilde{\boldsymbol{E}}$$

であるから

$$\tilde{\boldsymbol{P}}\tilde{\boldsymbol{Q}} - \tilde{\boldsymbol{Q}}\tilde{\boldsymbol{P}} = \tilde{\boldsymbol{U}}^{-1}\left(\frac{h}{2\pi i}\tilde{\boldsymbol{E}}\right)\tilde{\boldsymbol{U}} = \frac{h}{2\pi i}\tilde{\boldsymbol{U}}^{-1}\tilde{\boldsymbol{E}}\tilde{\boldsymbol{U}} = \frac{h}{2\pi i}\tilde{\boldsymbol{U}}^{-1}\tilde{\boldsymbol{U}} = \frac{h}{2\pi i}\tilde{\boldsymbol{E}}$$

となって、正準交換関係を満足することがわかる。

つまり、ハミルトン行列を対角化できるユニタリー行列 $\tilde{\boldsymbol{U}}$ を求めれば、後は簡単な計算でめざす物理量を求めることができるのである。

7.5.　固有ベクトルと固有値

ユニタリー変換による対角化の式

$$\tilde{\boldsymbol{U}}^{-1}H(\tilde{\boldsymbol{P}}^{\circ},\tilde{\boldsymbol{Q}}^{\circ})\tilde{\boldsymbol{U}}=\begin{pmatrix}E_1 & 0 & \cdots\\ 0 & E_2 & \\ \vdots & & \ddots\end{pmatrix}$$

において、左から $\tilde{\boldsymbol{U}}$ をかけてみよう。すると

$$\tilde{\boldsymbol{U}}\tilde{\boldsymbol{U}}^{-1}H(\tilde{\boldsymbol{P}}^{\circ},\tilde{\boldsymbol{Q}}^{\circ})\tilde{\boldsymbol{U}}=\tilde{\boldsymbol{U}}\begin{pmatrix}E_1 & 0 & \cdots\\ 0 & E_2 & \\ \vdots & & \ddots\end{pmatrix}$$

となり

$$H(\tilde{\boldsymbol{P}}^{\circ},\tilde{\boldsymbol{Q}}^{\circ})\tilde{\boldsymbol{U}}=\tilde{\boldsymbol{U}}\begin{pmatrix}E_1 & 0 & \cdots\\ 0 & E_2 & \\ \vdots & & \ddots\end{pmatrix}$$

となる。よって

$$H(\tilde{\boldsymbol{P}}^{\circ},\tilde{\boldsymbol{Q}}^{\circ})\begin{pmatrix}U_{11} & U_{12} & \cdots\\ U_{21} & U_{22} & \\ \vdots & & \ddots\end{pmatrix}=\begin{pmatrix}U_{11} & U_{12} & \cdots\\ U_{21} & U_{22} & \\ \vdots & & \ddots\end{pmatrix}\begin{pmatrix}E_1 & 0 & \cdots\\ 0 & E_2 & \\ \vdots & & \ddots\end{pmatrix}$$

$$=\begin{pmatrix}U_{11}E_1 & U_{12}E_2 & U_{13}E_3 & \cdots\\ U_{21}E_1 & U_{22}E_2 & U_{23}E_3 & \cdots\\ U_{31}E_1 & U_{32}E_2 & U_{33}E_3 & \\ \vdots & \vdots & & \ddots\end{pmatrix}=\begin{pmatrix}E_1 & 0 & \cdots\\ 0 & E_2 & \\ \vdots & & \ddots\end{pmatrix}\begin{pmatrix}U_{11} & U_{12} & \cdots\\ U_{21} & U_{22} & \\ \vdots & & \ddots\end{pmatrix}$$

となる。

ここで、ユニタリー行列の第１列だけ取り出すと

$$H(\tilde{\boldsymbol{P}}^{\circ},\tilde{\boldsymbol{Q}}^{\circ})\begin{pmatrix}U_{11}\\ U_{21}\\ U_{31}\\ \vdots\end{pmatrix}=E_1\begin{pmatrix}U_{11}\\ U_{21}\\ U_{31}\\ \vdots\end{pmatrix}$$

という関係が成立する。同様にして、第 2 列のベクトルに対しては

$$H(\tilde{\boldsymbol{P}}^\circ, \tilde{\boldsymbol{Q}}^\circ)\begin{pmatrix} U_{12} \\ U_{22} \\ U_{32} \\ \vdots \end{pmatrix} = E_2 \begin{pmatrix} U_{12} \\ U_{22} \\ U_{32} \\ \vdots \end{pmatrix}$$

以下、同様の関係が成立する。

ここで

$$\vec{\boldsymbol{U}}_1 = \begin{pmatrix} U_{11} \\ U_{21} \\ U_{31} \\ \vdots \end{pmatrix} \qquad \vec{\boldsymbol{U}}_2 = \begin{pmatrix} U_{12} \\ U_{22} \\ U_{32} \\ \vdots \end{pmatrix}$$

というベクトルとすれば

$$H(\tilde{\boldsymbol{P}}^\circ, \tilde{\boldsymbol{Q}}^\circ)\,\vec{\boldsymbol{U}}_1 = E_1\,\vec{\boldsymbol{U}}_1 \qquad H(\tilde{\boldsymbol{P}}^\circ, \tilde{\boldsymbol{Q}}^\circ)\,\vec{\boldsymbol{U}}_2 = E_2\,\vec{\boldsymbol{U}}_2$$

となり、ハミルトニアンに対応した行列の固有ベクトルとなっている。そして、E_1, E_2 がそれぞれの固有値となり、固有ベクトルに対応した固有エネルギーとなる。一般式では

$$H(\tilde{\boldsymbol{P}}^\circ, \tilde{\boldsymbol{Q}}^\circ)\,\vec{\boldsymbol{U}}_n = E_n\,\vec{\boldsymbol{U}}_n$$

となる。

このとき、ユニタリー行列は

$$\tilde{\boldsymbol{U}} = (\vec{\boldsymbol{U}}_1, \vec{\boldsymbol{U}}_2, ..., \vec{\boldsymbol{U}}_n, ...)$$

となり、列ベクトルが固有ベクトルとなっている。

これら操作は、線形代数において、行列の固有ベクトルおよび固有値を求めることに他ならない。そして、ハミルトニアンに対応した行列の固有値を求めると、その固有値は各電子軌道の定常状態のエネルギーを与えることになる。よって、これらを**エネルギー固有値** (energy eigenvalue) と呼んでいる。

$$\tilde{\boldsymbol{H}} = \begin{pmatrix} 0 & i & 1 \\ -i & 0 & i \\ 1 & -i & 0 \end{pmatrix}$$

のユニタリー行列は

$$\tilde{\boldsymbol{U}} = \begin{pmatrix} 1/\sqrt{2} & 1/\sqrt{6} & 1/\sqrt{3} \\ 0 & -i2/\sqrt{6} & i/\sqrt{3} \\ 1/\sqrt{2} & -1/\sqrt{6} & -1/\sqrt{3} \end{pmatrix}$$

となるが、行列 $\tilde{\boldsymbol{H}}$ の固有ベクトルは、ユニタリー行列 $\tilde{\boldsymbol{U}}$ の列成分からなるベクトルであるので

$$\vec{\boldsymbol{U}}_1 = \begin{pmatrix} 1/\sqrt{2} \\ 0 \\ 1/\sqrt{2} \end{pmatrix} \qquad \vec{\boldsymbol{U}}_2 = \begin{pmatrix} 1/\sqrt{6} \\ -i2/\sqrt{6} \\ -1/\sqrt{6} \end{pmatrix} \qquad \vec{\boldsymbol{U}}_3 = \begin{pmatrix} 1/\sqrt{3} \\ i/\sqrt{3} \\ -1/\sqrt{3} \end{pmatrix}$$

の 3 個となる。

　ここで

$$\tilde{\boldsymbol{H}}\vec{\boldsymbol{U}}_1 = \begin{pmatrix} 0 & i & 1 \\ -i & 0 & i \\ 1 & -i & 0 \end{pmatrix} \begin{pmatrix} 1/\sqrt{2} \\ 0 \\ 1/\sqrt{2} \end{pmatrix} = \begin{pmatrix} 1/\sqrt{2} \\ 0 \\ 1/\sqrt{2} \end{pmatrix}$$

であり

$$\tilde{\boldsymbol{H}}\vec{\boldsymbol{U}}_1 = \vec{\boldsymbol{U}}_1$$

となる。

　よって、ベクトル $\vec{\boldsymbol{U}}_1$ は、行列 $\tilde{\boldsymbol{H}}$ の固有ベクトルであり、対応する固有値が 1 となることがわかる。

　同様にして

$$\tilde{\boldsymbol{H}}\vec{\boldsymbol{U}}_2 = \begin{pmatrix} 0 & i & 1 \\ -i & 0 & i \\ 1 & -i & 0 \end{pmatrix} \begin{pmatrix} 1/\sqrt{6} \\ -i2/\sqrt{6} \\ -1/\sqrt{6} \end{pmatrix} = \begin{pmatrix} 1/\sqrt{6} \\ -i2/\sqrt{6} \\ -1/\sqrt{6} \end{pmatrix} = \vec{\boldsymbol{U}}_2$$

から、ベクトル $\vec{\boldsymbol{U}}_2$ は、行列 $\tilde{\boldsymbol{H}}$ の固有ベクトルであり、対応する固有値が 1 となる。よって、ベクトル $\vec{\boldsymbol{U}}_1$ と $\vec{\boldsymbol{U}}_2$ は同じ固有値を有することになる。これを物理的には縮退と呼んでいる。同じ物理量を与える状態が 2 個存在することを意

味している。

さらに

$$\tilde{\boldsymbol{H}}\vec{\boldsymbol{U}}_3=\begin{pmatrix}0 & i & 1\\ -i & 0 & i\\ 1 & -i & 0\end{pmatrix}\begin{pmatrix}1/\sqrt{3}\\ i/\sqrt{3}\\ -1/\sqrt{3}\end{pmatrix}=\begin{pmatrix}-2/\sqrt{3}\\ -i2/\sqrt{3}\\ 2/\sqrt{3}\end{pmatrix}=-2\begin{pmatrix}1/\sqrt{3}\\ i/\sqrt{3}\\ -1/\sqrt{3}\end{pmatrix}=-2\vec{\boldsymbol{U}}_3$$

となる。

よって、ベクトル $\vec{\boldsymbol{U}}_3$ は、行列 $\tilde{\boldsymbol{H}}$ の固有ベクトルであり、対応する固有値が-2となることがわかる。

7. 6.　単振動における固有ベクトル

それでは、前章で扱った単振動の固有ベクトルはどうなるのであろうか。まず、エネルギー行列であるハミルトニアンは

$$\tilde{\boldsymbol{H}}=\begin{pmatrix}\frac{1}{2}\hbar\omega & 0 & 0 & \cdots\\ 0 & \frac{3}{2}\hbar\omega & 0 & \cdots\\ 0 & 0 & \frac{5}{2}\hbar\omega & \\ \vdots & \vdots & & \ddots\end{pmatrix}$$

であった。

このように、エネルギー行列がすでに対角化されているので、そのユニタリー行列は、単位行列となる。よって、固有ベクトルは

$$\vec{\boldsymbol{u}}_0=\begin{pmatrix}1\\0\\0\\ \vdots\end{pmatrix}\qquad \vec{\boldsymbol{u}}_1=\begin{pmatrix}0\\1\\0\\ \vdots\end{pmatrix}\qquad \vec{\boldsymbol{u}}_2=\begin{pmatrix}0\\0\\1\\ \vdots\end{pmatrix}\qquad ....$$

と与えられる。これらベクトルは、一般的には標準基底ベクトルと呼ばれ、すべて大きさが 1 の正規化固有ベクトルとなっている。

演習 7-11　ベクトル $\vec{\boldsymbol{u}}_0$ が行列 $\tilde{\boldsymbol{H}}$ の固有ベクトルであることを確かめよ。また、固有値の値も求めよ。

解）

$$\tilde{\boldsymbol{H}}\,\vec{\boldsymbol{u}}_0 = \begin{pmatrix} \frac{1}{2}\hbar\omega & 0 & 0 & \cdots \\ 0 & \frac{3}{2}\hbar\omega & 0 & \cdots \\ 0 & 0 & \frac{5}{2}\hbar\omega & \\ \vdots & \vdots & & \ddots \end{pmatrix}\begin{pmatrix} 1 \\ 0 \\ 0 \\ \vdots \end{pmatrix} = \begin{pmatrix} \frac{1}{2}\hbar\omega \\ 0 \\ 0 \\ \vdots \end{pmatrix}$$

と計算できるが

$$\begin{pmatrix} \frac{1}{2}\hbar\omega \\ 0 \\ 0 \\ \vdots \end{pmatrix} = \frac{1}{2}\hbar\omega\begin{pmatrix} 1 \\ 0 \\ 0 \\ \vdots \end{pmatrix} = \frac{1}{2}\hbar\omega\,\vec{\boldsymbol{u}}_0$$

となるから

$$\tilde{\boldsymbol{H}}\,\vec{\boldsymbol{u}}_0 = \frac{1}{2}\hbar\omega\,\vec{\boldsymbol{u}}_0$$

となる。

よって $\vec{\boldsymbol{u}}_0$ はエネルギー行列 $\tilde{\boldsymbol{H}}$ の固有ベクトルであり、その固有値は $(1/2)\hbar\omega$ となる。

同様にして

$$\tilde{\boldsymbol{H}}\,\vec{\boldsymbol{u}}_1 = \frac{3}{2}\hbar\omega\,\vec{\boldsymbol{u}}_1\,, \quad \tilde{\boldsymbol{H}}\,\vec{\boldsymbol{u}}_2 = \frac{5}{2}\hbar\omega\,\vec{\boldsymbol{u}}_2\,, \ldots,\ \tilde{\boldsymbol{H}}\,\vec{\boldsymbol{u}}_n = \left(n+\frac{1}{2}\right)\hbar\omega\,\vec{\boldsymbol{u}}_n\,, \ldots$$

という関係が成立する。

また、これら固有ベクトルはすべて内積が 0 となる。これを直交と呼んでおり、これら固有ベクトル群を直交基底とも呼ぶ。

7. 7.　物理量と固有値

さて、これまでは、行列力学では、物理量が行列であるとして話を進めてきた。しかし、実際の物理量は固有値として与えられる。つまり

[行列] × [固有ベクトル] = (固有値) × [固有ベクトル]

という関係にある。ただし、固有ベクトルは状態ベクトルとも呼ばれる。

このとき、物理量に対応する行列には、この物理量に関する情報が詰まっていると考える。そして、この行列に、固有ベクトルを作用すると、固有値というかたちで、目的の物理量を得ることができる。つまり、真の物理量を求める問題は、固有値問題と言えるのである。

たとえば、運動量行列 $\tilde{\boldsymbol{P}}$ の固有ベクトル $\vec{\boldsymbol{r}}_1$ をとすると

$$\tilde{\boldsymbol{P}}\vec{\boldsymbol{r}}_1 = p\vec{\boldsymbol{r}}_1$$

という関係が成立し、固有値 p は実数であり、ベクトル $\vec{\boldsymbol{r}}_1$ に対応した運動量となる。位置行列 $\tilde{\boldsymbol{Q}}$ の固有ベクトル $\vec{\boldsymbol{r}}_2$ をとすると

$$\tilde{\boldsymbol{Q}}\vec{\boldsymbol{r}}_2 = q\vec{\boldsymbol{r}}_2$$

という関係が成立し、固有値 q は実数であり、ベクトル $\vec{\boldsymbol{r}}_2$ に対応した位置座標となる。

そして、物理量に対応した行列は、複素数を成分とするエルミート行列であるが、エルミート行列の固有値は、必ず実数となる。つまり、固有値問題では、物量量としての固有値が、物理的意味のある実数として得られるのである。

かくして、行列力学の真髄は、行列の固有値を求めることにあるということがわかったのである。

7. 8.　行列の非可換性

ところで、固有値と固有ベクトルという観点からは、行列の非可換性は、行列が同じ固有ベクトルを共有しないということを意味している。

たとえば、行列 $\tilde{\boldsymbol{P}}$ および $\tilde{\boldsymbol{Q}}$ の固有値を p ならびに q とし、固有ベクトルを $\vec{\boldsymbol{r}}_1$ ならびに $\vec{\boldsymbol{r}}_2$ としよう。すると

$$\tilde{\boldsymbol{P}}\vec{\boldsymbol{r}}_1 = p\vec{\boldsymbol{r}}_1 \qquad \tilde{\boldsymbol{Q}}\vec{\boldsymbol{r}}_2 = q\vec{\boldsymbol{r}}_2$$

となる。

演習 7-12　行列 $\tilde{\boldsymbol{P}}$ および $\tilde{\boldsymbol{Q}}$ が共通の固有ベクトルを有するとき、これら行列の掛け算が可換となることを示せ。

解）　共通の固有ベクトルを

$$\vec{\boldsymbol{r}}_1 = \vec{\boldsymbol{r}}_2 = \vec{\boldsymbol{r}}$$

と置く。すると

$$\tilde{\boldsymbol{P}}\vec{\boldsymbol{r}} = p\vec{\boldsymbol{r}} \qquad \text{かつ} \qquad \tilde{\boldsymbol{Q}}\vec{\boldsymbol{r}} = q\vec{\boldsymbol{r}}$$

となる。このとき

$$\tilde{\boldsymbol{P}}\tilde{\boldsymbol{Q}}\vec{\boldsymbol{r}} = \tilde{\boldsymbol{P}}(q\vec{\boldsymbol{r}}) = q\tilde{\boldsymbol{P}}\vec{\boldsymbol{r}} = qp\vec{\boldsymbol{r}}$$

$$\tilde{\boldsymbol{Q}}\tilde{\boldsymbol{P}}\vec{\boldsymbol{r}} = \tilde{\boldsymbol{Q}}(p\vec{\boldsymbol{r}}) = p\tilde{\boldsymbol{Q}}\vec{\boldsymbol{r}} = pq\vec{\boldsymbol{r}}$$

であるから

$$\tilde{\boldsymbol{P}}\tilde{\boldsymbol{Q}} = \tilde{\boldsymbol{Q}}\tilde{\boldsymbol{P}}$$

となる。

つまり、$\tilde{\boldsymbol{P}}\tilde{\boldsymbol{Q}} \neq \tilde{\boldsymbol{Q}}\tilde{\boldsymbol{P}}$ ということは、共通の固有ベクトルを持たないことを意味する。言い換えると、同時に位置と運動量という物理量を決定できないことになる。あるいは, 位置と運動量が確定した状態が存在しないと言うこともできる。これは、ミクロの世界では、いわゆる**不確定性原理** (principle of uncertainty) が成立することを意味している。

7.9. 波動力学への系譜

行列力学では、行列と固有ベクトルと固有値が活躍する。当初は、物理量が行列と考えられていたが、実際には、行列に固有ベクトルを作用させた結果得られる実数値の固有値が物理量を与えるのである。

この際、物理量を与える行列は、エルミート行列となる。エルミート行列とは、その複素共役を転置した行列が、それ自身になる行列のことである。そして、その固有値は必ず実数になるという性質を有する。

量子力学を初めて習う時、通常はシュレーディンガーの波動力学からスタートする。その際、エルミート演算子や固有値という用語が登場し戸惑うことがある。実は、これら用語は、行列力学の用語を引き継いだものなのである。行列力学と波動力学の基本スキームを並べると

行列力学

[行列]×[固有ベクトル] = (固有値)×[固有ベクトル]

波動力学

[演算子]×[固有関数] = (固有値)×[固有関数]

となっている。

このとき、エルミート行列にエルミート演算子が対応し、固有ベクトルには波動関数である固有関数が対応するのである。

そして、いずれにおいても固有値は実数となり物理量を与える。しかし、行列力学の知識がない状態で、量子力学を学習した際、物理量を与える演算子は、エルミート演算子であり、その固有値は実数となると言われても、理解に苦しむ初学者が多いのではないだろうか。行列力学の基礎があれば、以上の対応がよく理解できるのである。

第 8 章　水素原子への挑戦

ハイゼンベルクの挫折

ハイゼンベルク、ボルン、ヨルダンらが建設した行列力学は、量子の世界を記述できる新しい力学として大きな注目を集めた。単振動において、大成功をおさめ、固有値問題という展望も開けた。

しかし、あくまでも量子力学の目的は、実在する原子の中の電子軌道ならびに電子の運動の解明にある。したがって、水素原子の電子のエネルギーや電子軌道がうまく説明できるものでなくてはならない。

当然、ハイゼンベルクらは、行列力学の手法を使った水素原子の解明に向かった。幸い、水素原子においては、線スペクトルというデータが揃っている。ボーアの功績により、各電子軌道のエネルギーなどもわかっている。正準交換関係という強力な武器もある。

これらを駆使すれば、水素原子に関する行列力学が完成するはずである。多くの研究者は、期待をもって彼らの挑戦を見守ったが、実は多くの関門が待ち受けていたのである。

よって、本章では、水素原子に対する行列力学の手法を紹介したうえで、何が課題であったかを紹介したい。

8. 1.　エネルギー行列

まず、水素原子のエネルギー行列について考えてみよう。ボーアによれば、水素の n 軌道におけるエネルギーは

$$E_n = -\frac{hcR}{n^2}$$

と与えられる。よって

$$E_1 = -hcR \qquad E_2 = -\frac{hcR}{2^2} \qquad E_3 = -\frac{hcR}{3^2} \qquad \cdots$$

となる。したがって、エネルギーに対応した行列、つまりハミルトン行列は

$$\tilde{\boldsymbol{H}} = -hcR\begin{pmatrix} 1 & 0 & 0 & \cdots \\ 0 & 1/4 & 0 & \\ 0 & 0 & 1/9 & \\ \vdots & & & \ddots \end{pmatrix}$$

と与えられる。

このように、水素原子では、解析力学のハミルトニアンに相当するエネルギー行列が既知なのである。これならば簡単そうである。

8. 2. 位置行列

水素原子の位置行列についても考えてみよう。基本は、同じであり

$$\tilde{\boldsymbol{q}} = \begin{pmatrix} Q_{11} & Q_{12}\exp(i\omega_{12}t) & Q_{13}\exp(i\omega_{13}t) & \cdots \\ Q_{21}\exp(i\omega_{21}t) & Q_{22} & & \\ Q_{31}\exp(i\omega_{31}t) & Q_{32}\exp(i\omega_{32}t) & \ddots & \\ \vdots & \vdots & & \end{pmatrix}$$

となる。

一般項は

$$q_{nm} = Q_{nm}\exp(i\,\omega_{nm}t)$$

となる。ここで、具体的に成分を見てみよう。たとえば (1, 2) 成分は

$$q_{12} = Q_{12}\,\exp(i\,\omega_{12}t)$$

となる。

この項は、1→2 の軌道遷移成分に相当する。ω_{12} は、この軌道遷移にともなって吸収される電磁波の角振動数であり

$$\omega_{12} = \frac{E_1 - E_2}{\hbar}$$

という関係にある。水素原子では

$$E_1 = -hcR \qquad E_2 = -\frac{hcR}{2^2}$$

であるから

$$\omega_{12} = \frac{E_1 - E_2}{\hbar} = \frac{2\pi}{h}(E_1 - E_2) = \frac{2\pi}{h} hcR\left(-1 + \frac{1}{4}\right) = -\frac{3}{2}\pi cR$$

となる。したがって

$$q_{12} = Q_{12} \exp\left(-i\frac{3}{2}\pi cRt\right)$$

となる。一方

$$\omega_{21} = \frac{E_2 - E_1}{\hbar} = -\omega_{12}$$

という関係にある。よって

$$q_{21} = Q_{21} \exp(i\omega_{21} t) = Q_{12}{}^{*} \exp(-i\omega_{12} t) = Q_{12}{}^{*} \exp\left(i\frac{3}{2}\pi cRt\right)$$

となる。

他の行列成分もすべて計算することができる。

一般項としては

$$\omega_{nm} = \frac{E_n - E_m}{\hbar}$$

となり

$$E_n = -\frac{hcR}{n^2} \qquad E_m = -\frac{hcR}{m^2}$$

であるので

$$\omega_{nm} = \frac{E_n - E_m}{\hbar} = 2\pi cR\left(\frac{1}{m^2} - \frac{1}{n^2}\right)$$

となる。よって

$$q_{nm} = Q_{nm} \exp(i\omega_{nm} t) = Q_{nm} \exp\left\{i2\pi cR\left(\frac{1}{m^2} - \frac{1}{n^2}\right)t\right\}$$

となる。一方

$$q_{mn} = Q_{mn} \exp(i\omega_{mn} t) = Q_{nm}{}^{*} \exp\left\{-i2\pi cR\left(\frac{1}{m^2} - \frac{1}{n^2}\right)t\right\}$$

となる。

このように、位置行列のすべての成分を求めることができる。

8.3.　運動量行列

それでは､行列力学にとって重要な水素原子の運動量行列についても考えてみよう。まず、位置行列がわかっていれば、運動量行列は導出可能である。

運動量は

$$p = m_e v = m_e \frac{dq}{dt}$$

によって得られるので、行列においても

$$\tilde{\boldsymbol{p}} = m_e \frac{d\tilde{\boldsymbol{q}}}{dt}$$

という関係が成立する。ここで

$$\frac{dq_{nm}}{dt} = i\omega_{nm} Q_{nm} \exp(i\omega_{nm} t) \qquad \frac{dq_{nn}}{dt} = 0$$

という関係にあるから

$$\tilde{\boldsymbol{p}} = m_e \begin{pmatrix} 0 & i\omega_{12} Q_{12} \exp(i\omega_{12} t) & i\omega_{13} Q_{13} \exp(i\omega_{13} t) & \cdots \\ i\omega_{21} Q_{21} \exp(i\omega_{21} t) & 0 & & \\ i\omega_{31} Q_{31} \exp(i\omega_{31} t) & i\omega_{32} Q_{32} \exp(i\omega_{32} t) & 0 & \\ \vdots & \vdots & & \ddots \end{pmatrix}$$

となる。

位置行列と同様に、ω_{12}などの値がすべて与えられるから、水素原子の運動量行列も求めることができる。

8.4.　水素原子の行列力学

これで、道具はそろった。後は、正準交換関係などを駆使しながら、固有値問題に持ち込めば、未知数の Q_{nm} をすべて計算できるはずである。これで、行列力学は完成する。

それでは、解析力学の手法にならって、まず、水素原子内の電子運動のハミルトニアン

$$H = T + U$$

を計算してみよう。

まず、運動エネルギーの T は

$$T = \frac{p^2}{2m_e}$$

となる。つぎに、ポテンシャルエネルギーの U は、電子に働く力がクーロン引力であったから

$$F = -\frac{ke^2}{r^2}$$

である。ここで、r は原子核からの距離である。ここで、無限遠を $U=0$ の基準点にとると、ポテンシャルエネルギー U は

$$U = -\int_{\infty}^{r} F\,dr = \int_{\infty}^{r} \frac{ke^2}{r^2}\,dr = \left[-\frac{ke^2}{r}\right]_{\infty}^{r} = -\frac{ke^2}{r}$$

となる。したがって、ハミルトニアンは

$$H = \frac{p^2}{2m_e} - \frac{ke^2}{r}$$

となる。これを、行列にすれば

$$\tilde{\boldsymbol{H}} = \frac{\tilde{\boldsymbol{p}}^2}{2m_e} - \frac{ke^2}{\tilde{\boldsymbol{q}}}$$

となる。

あとは、運動行列 $\tilde{\boldsymbol{p}}$ と位置行列 $\tilde{\boldsymbol{q}}$ を代入して、計算を進めればよい。ただし、ここで第一の関門が控えている。それは、第 2 項に $\tilde{\boldsymbol{q}}$ の割り算が入っていることである。

いままで、行列の割り算は登場していない。そこで、ここでも線形代数の手法を援用することを考えてみよう。

行列には逆行列 $\tilde{\boldsymbol{q}}^{-1}$ があり

$$\tilde{\boldsymbol{q}}^{-1}\tilde{\boldsymbol{q}} = \tilde{\boldsymbol{E}}$$

という性質を有する[18]。

いわば、行列の逆数の働きをする。それならば

[18] すべての正方行列に逆行列が存在するわけではない。逆行列が存在する行列を正則行列、逆行列が存在しない行列を特異行列と呼んでいる。

$$\tilde{\boldsymbol{H}} = \frac{\tilde{\boldsymbol{p}}^2}{2m_e} - \frac{ke^2}{\tilde{\boldsymbol{q}}} = \frac{\tilde{\boldsymbol{p}}^2}{2m_e} - ke^2\tilde{\boldsymbol{q}}^{-1}$$

と計算することができる。

逆行列を求める方法は、いくつか知られているが、ここで問題がある。それは、位置行列 $\tilde{\boldsymbol{q}}$ が無限行無限列からなる行列（無限次行列）という事実である。その逆行列を求める方法がないのである。

もうひとつの関門は、ハイゼンベルクやボルンが重宝しているゾンマーフェルトの量子条件である。この条件から、行列力学の至宝となる正準交換関係が導かれたのであるが、一方で、課題を突き付けることになる。

水素原子の線スペクトルが 2 本観察されることをすでに紹介した。これは、電子軌道が円軌道だけでなく、楕円軌道も存在することを示している。同じ量子数の n であっても、違う状態が存在することを意味する。それを方位量子数 k によって表現できる。それは、行列力学にとっても重大な問題となる。

位置行列の成分である q_{nm} は $n \to m$ の軌道間遷移にともなう項である。しかし、同じ n であっても別な状態が存在するのである。それを取り入れることが難しい。もちろん

$$q_{nm} = Q_{nm} \exp\left\{ i(\omega_{nm} t + \delta_{nm}) \right\}$$

のような位相の補正項 δ_{nm} を導入するなどの工夫は可能である。しかし、ただでさえ複雑な行列の成分に補正項が加わるとなると、行列演算は、かなり煩雑とならざるを得ない。

行列力学が苦戦しているときに、突然、伏兵が現れる。それが、シュレーディンガー (Schrödinger) による**波動力学** (wave mechanics) である。

8. 5.　行列力学を越えて

行列力学によって量子の世界の扉が開かれた。とはいっても、行列力学の取り扱いは大変面倒であるうえ、イメージも沸きにくい。そして、物理量に対応した行列は無限行無限列であるから、少し考えただけで、その演算が大変面倒なことがわかる。さらに、正準交換関係や量子化条件を満足する行列を探しだすのも簡単ではない。なにより、水素原子から放出される光のスペクトルを説明すること

が行列力学では困難であった。

実は、この問題を解決したのが、シュレーディンガーによって提唱された波動力学である。もちろん、波動力学が登場した当初は、多くの批判にさらされた。それは、行列力学が、量子の世界を記述する理論として、ある程度の成功を収めていたからである。

しかし、次第に世の中の形勢は、波動力学へと傾いていく。当時の物理学者にとって、行列計算そのものがなじみがなかった。一方で、波動力学では、彼らが慣れ親しんだ微分方程式を基盤に置いていたからである。

そして、決定的であったのは、行列力学では手に負えなかった水素原子の電子軌道が、波動力学では、いとも簡単に解明できたことにある。ハイゼンベルクらの必死の抵抗もむなしく、行列力学は、やがて表舞台から姿を消すことになる。そして、いまやシュレーディンガー方程式と呼ばれる微分方程式が量子力学の主役となっている。

多くの教科書においても、行列力学を取り扱うことは無くなっている。私が知っている範囲では、朝永振一郎先生の名著である『量子力学 I』(みすず書房)と、ヒッポファミリークラブの『量子力学の冒険』に紹介されている。

一方、前章でも紹介したように、行列力学で導入された多くの概念が、現代の量子力学に受け継がれている。量子力学を習うと、エルミート演算子や、固有値、固有関数などの用語が登場し、その定義だけが天下り的に与えられることが多い。これらは、行列力学における

[行列] × [固有ベクトル] = (固有値) × [固有ベクトル]

という関係が、波動力学では

[演算子] × [固有関数] = (固有値) × [固有関数]

へと受け継がれたことに由来することも紹介した。

また、固有値がいずれの場合も、物理量を与えるという点では共通である。そして、実数の固有値を与える行列がエルミート行列であるが、同様に、実数の固有値を与える演算子がエルミート演算子となるのである。

このように、行列力学と波動力学は、本質的に同じものであることが明らかに

なっているのだが、そのヒントになる考えを、行列という観点から最後に示しておこう。いままで扱ってきた位置行列 $\tilde{\boldsymbol{q}}$ と $\tilde{\boldsymbol{Q}}$ の関係についても言及したい。

8.6. ハイゼンベルク表示とシュレーディンガー表示

ハイゼンベルクの位置行列 $\tilde{\boldsymbol{q}}$ は

$$\tilde{\boldsymbol{q}} = \begin{pmatrix} q_{11} & q_{12} & q_{13} & \cdots \\ q_{21} & q_{22} & q_{23} & \cdots \\ q_{31} & q_{32} & q_{33} & \\ \vdots & \vdots & & \ddots \end{pmatrix} = \begin{pmatrix} Q_{11} & Q_{12}\exp(i\omega_{12}t) & Q_{13}\exp(i\omega_{13}t) & \cdots \\ Q_{21}\exp(-i\omega_{12}t) & Q_{22} & Q_{23}\exp(i\omega_{23}t) & \cdots \\ Q_{31}\exp(-i\omega_{13}t) & Q_{22}\exp(-i\omega_{23}t) & Q_{33} & \\ \vdots & \vdots & & \ddots \end{pmatrix}$$

のように、物理量に対応した行列の要素に時間項が入っている。これを電子軌道のエネルギーで表すと

$$\tilde{\boldsymbol{q}} = \begin{pmatrix} Q_{11}\exp\left(i\dfrac{E_1 - E_1}{\hbar}t\right) & Q_{12}\exp\left(i\dfrac{E_1 - E_2}{\hbar}t\right) & Q_{13}\exp\left(i\dfrac{E_1 - E_3}{\hbar}t\right) & \cdots \\ Q_{21}\exp\left(i\dfrac{E_2 - E_1}{\hbar}t\right) & Q_{22}\exp\left(i\dfrac{E_2 - E_2}{\hbar}t\right) & Q_{23}\exp\left(i\dfrac{E_2 - E_3}{\hbar}t\right) & \cdots \\ Q_{31}\exp\left(i\dfrac{E_3 - E_1}{\hbar}t\right) & Q_{32}\exp\left(i\dfrac{E_3 - E_2}{\hbar}t\right) & Q_{33}\exp\left(i\dfrac{E_3 - E_3}{\hbar}t\right) & \\ \vdots & \vdots & & \ddots \end{pmatrix}$$

となる。この行列は、つぎのように分解できる。

$$\tilde{\boldsymbol{q}} = \begin{pmatrix} \exp\left(-i\dfrac{E_1}{\hbar}t\right) & 0 & \cdots \\ 0 & \exp\left(-i\dfrac{E_2}{\hbar}t\right) & \\ \vdots & & \ddots \end{pmatrix} \begin{pmatrix} Q_{11} & Q_{12} & \cdots \\ Q_{21} & Q_{22} & \\ \vdots & & \ddots \end{pmatrix} \begin{pmatrix} \exp\left(i\dfrac{E_1}{\hbar}t\right) & 0 & \cdots \\ 0 & \exp\left(i\dfrac{E_2}{\hbar}t\right) & \\ \vdots & & \ddots \end{pmatrix}$$

このとき

$$\tilde{\boldsymbol{Q}} = \begin{pmatrix} Q_{11} & Q_{12} & \cdots \\ Q_{21} & Q_{22} & \\ \vdots & & \ddots \end{pmatrix}$$

という関係にある。

ここで､ハイゼンベルクの行列力学における状態ベクトルを思い出してみよう。状態ベクトルは､行列から､物理状態を指定する情報を取り出すという働きをする。状態ベクトルを

$$\vec{\boldsymbol{u}} = \begin{pmatrix} u_1 \\ u_2 \\ \vdots \end{pmatrix}$$

とすると、物理量は

$$\langle u | q | u \rangle = {}^t\vec{\boldsymbol{u}}^* \tilde{\boldsymbol{q}} \vec{\boldsymbol{u}}$$

と与えられる。行列とベクトルで書くと

$$(u_1^* \quad u_2^* \quad u_3^* \quad \cdots)\begin{pmatrix} Q_{11} & Q_{12}\exp(i\omega_{12}t) & Q_{13}\exp(i\omega_{13}t) & \cdots \\ Q_{21}\exp(-i\omega_{12}t) & Q_{22} & Q_{23}\exp(i\omega_{23}t) & \cdots \\ Q_{31}\exp(-i\omega_{13}t) & Q_{32}\exp(-i\omega_{23}t) & Q_{33} & \\ \vdots & \vdots & & \ddots \end{pmatrix}\begin{pmatrix} u_1 \\ u_2 \\ u_3 \\ \vdots \end{pmatrix}$$

となる。

これをエネルギーで表現した行列に書き改めると

$$(u_1^* \quad u_2^* \quad u_3^* \quad \cdots)\begin{pmatrix} Q_{11}\exp\left(i\dfrac{E_1 - E_1}{\hbar}t\right) & Q_{12}\exp\left(i\dfrac{E_1 - E_2}{\hbar}t\right) & \cdots \\ Q_{21}\exp\left(i\dfrac{E_2 - E_1}{\hbar}t\right) & Q_{22}\exp\left(i\dfrac{E_2 - E_2}{\hbar}t\right) & \cdots \\ \vdots & \vdots & \ddots \end{pmatrix}\begin{pmatrix} u_1 \\ u_2 \\ u_3 \\ \vdots \end{pmatrix}$$

となるが、これを、さらに分解すると

$$(u_1^* \quad u_2^* \quad \cdots)\begin{pmatrix} \exp\left(-i\dfrac{E_1}{\hbar}t\right) & 0 & \cdots \\ 0 & \ddots & \\ \vdots & & \end{pmatrix}\begin{pmatrix} Q_{11} & Q_{12} & \cdots \\ Q_{21} & Q_{22} & \\ \vdots & & \ddots \end{pmatrix}\begin{pmatrix} \exp\left(i\dfrac{E_1}{\hbar}t\right) & 0 & \cdots \\ 0 & \ddots & \\ \vdots & & \end{pmatrix}\begin{pmatrix} u_1 \\ u_2 \\ \vdots \end{pmatrix}$$

となる。ここで、時間変化項に対応した行列を状態ベクトルに作用させると

$$\begin{pmatrix} u_1^* \exp\left(-i\frac{E_1}{\hbar}t\right) & u_2^* \exp\left(-i\frac{E_2}{\hbar}t\right) & \cdots \end{pmatrix} \begin{pmatrix} Q_{11} & Q_{12} & \cdots \\ Q_{21} & Q_{22} & \\ \vdots & & \ddots \end{pmatrix} \begin{pmatrix} u_1 \exp\left(i\frac{E_1}{\hbar}t\right) \\ u_2 \exp\left(i\frac{E_2}{\hbar}t\right) \\ \vdots \end{pmatrix}$$

と変形できる。ここで、時間項を含んでいない行列と、時間項を含んだ状態ベクトル

$$\vec{v} = \begin{pmatrix} u_1 \exp\left(i\frac{E_1}{\hbar}t\right) \\ u_2 \exp\left(i\frac{E_2}{\hbar}t\right) \\ \vdots \end{pmatrix}$$

ができる。実は、このベクトルがシュレーディンガー方程式を解いて得られる波動関数に対応しているのである。

物理量である行列（演算子）に時間項を含ませたものをハイゼンベルク表示、一方、波動関数（状態ベクトル）に時間項を含ませたものをシュレーディンガー表示と呼んでいる。

実は、関数は無限の成分からなるベクトルと等価である。 $y=f(x)$ は、x が整数とすれば

$$\ldots f(-3), f(-2), f(-1), f(0), f(1), f(2), f(3), \ldots$$

を成分とするベクトルとなる。この間隔を小さくしていけば、ベクトルが関数に対応することは自明であろう。

量子力学では、「関数はベクトルである」ということが前面に出てくる。これは、まさに、状態ベクトルと波動関数が等価であることを反映したものなのである。

おわりに

これで、ハイゼンベルク、ボルン、ヨルダンらの量子力学建設と、行列力学による挑戦の話は終了する。

彼らの先駆的な量子の研究は大きな花を咲かせるかに思えたが、肝心の水素原子のスペクトルに基づく電子軌道の解明は、行列を使った手法においては困難を極めたのである。

そこへ、シュレーディンガーによって提唱された波動力学が颯爽と登場する。波動力学では、シュレーディンガー方程式と呼ばれる微分方程式によって電子の運動を記述することができる。計算の面倒な行列を使う必要がないのである。

しかも、行列力学では難攻不落に思えた水素原子の電子軌道の解明を、あっさり行うことができたのである。かくして、量子力学の主役は、行列力学から波動力学へと変わっていった。ハイゼンベルクらの落胆はいかばかりだったであろうか。

しかし、彼らの業績は、決して軽んずべきではない。未踏の荒野であった「量子力学」の夜明けを先導した開拓者たちの物語であるからだ。そして、彼らの成果は、現代の量子力学建設にも大いに役立っている。

シュレーディンガーの波動方程式による水素原子における電子軌道の解明は、『量子力学 II－波動力学入門』（飛翔舎）で紹介する。

著者紹介

村上　雅人

理工数学研究所　所長　工学博士
情報・システム研究機構　監事
2012 年より 2021 年まで芝浦工業大学学長
2021 年より岩手県 DX アドバイザー
現在、日本数学検定協会評議員、日本工学アカデミー理事
技術同友会会員、日本技術者連盟会長
著書「大学をいかに経営するか」（飛翔舎）
「なるほど生成消滅演算子」（海鳴社）
など多数

飯田　和昌

日本大学生産工学部電気電子工学科　教授　博士（工学）
1996 年-1999 年 TDK 株式会社
1999 年-2004 年 超電導工学研究所
2004 年-2007 年 ケンブリッジ大学 博士研究員
2007 年-2014 年 ライプニッツ固体材料研究所　上席研究員
2014 年-2022 年 名古屋大学大学院工学研究科　准教授
著書「統計力学　基礎編」（飛翔舎）「統計力学　応用編」（飛翔舎）

小林　忍

理工数学研究所　主任研究員
著書「超電導の謎を解く」（C&R 研究所）
「低炭素社会を問う」（飛翔舎）
「エネルギー問題を斬る」（飛翔舎）
「SDGs を吟味する」（飛翔舎）
監修「テクノジーのしくみとはたらき図鑑」（創元社）

—理工数学シリーズ—

量子力学 I　行列力学入門

2023 年 12 月 17 日　第 1 刷　発行

発行所：合同会社飛翔舎 https://www.hishosha.com
住所：東京都杉並区荻窪三丁目 16 番 16 号
電話：03-5930-7211　FAX：03-6240-1457
E-mail: info@hishosha.com

編集協力：小林信雄、吉本由紀子
組版：小林忍
印刷製本：株式会社シナノパブリッシングプレス

ISBN:978-4-910879-11-6　　C3042

飛翔舎の本

高校数学から優しく橋渡しする —理工数学シリーズ—

「**統計力学　基礎編**」　A5 判 220 頁　2000 円
村上雅人・飯田和昌・小林忍
統計力学の基礎を分かりやすく解説。目からうろこのシリーズの第一弾。

「**統計力学　応用編**」　A5 判 210 頁　2000 円
村上雅人・飯田和昌・小林忍
統計力学がどのように応用されるかを解説。現代物理の礎となった学問が理解できる。

「**回帰分析**」　A5 判 288 頁　2000 円
村上雅人・井上和朗・小林忍
データサイエンスの基礎である統計検定と AI の基礎である回帰が学べる。

「**量子力学 I 行列力学入門**」全三部作　A5 判 188 頁　2000 円
村上雅人・飯田和昌・小林忍
量子力学がいかに建設されたのかが分かる。未踏の分野に果敢に挑戦した研究者の物語。

高校の探究学習に適した本 —村上ゼミシリーズ—

「**低炭素社会を問う**」　村上雅人・小林忍　四六判 320 頁　1800 円
多くのひとが語らない二酸化炭素による温暖化機構を物理の知識をもとに解説

「**エネルギー問題を斬る**」　村上雅人・小林忍　四六判 330 頁　1800 円
エネルギー問題の本質を理解できる本

「**SDGs を吟味する**」　村上雅人・小林忍　四六判 378 頁　1800 円
世界の動向も踏まえて SDGs の本質を理解できる本

大学を支える教職員にエールを送る —ウニベルシタス研究所叢書—

「**大学をいかに経営するか**」　村上雅人　四六判 214 頁　1500 円
「**プロフェッショナル職員への道しるべ**」大工原孝　四六判 172 頁　1500 円
「**粗にして野だが**」　山村昌次　四六判 182 頁　1500 円
「**教職協働はなぜ必要か**」　吉川倫子　四六判 170 頁　1500 円

「**ナレッジワーカーの知識交換ネットワーク**」　A5 判 220 頁　3000 円
村上由紀子
高度な専門知識をもつ研究者と医師の知識交換ネットワークに関する日本発の精緻な実証分析を収録

価格は、本体価格